实用服装裁剪制板
与成衣制作实例系列

FUZHUANG CAIJIAN FANGMA PAILIAO PIAN

王晓云　王小波　编著

化学工业出版社
·北京·

《服装裁剪放码排料篇》主要介绍了服装裁剪放码、裁剪排料的基础知识和应用技术。服装裁剪放码是从服装纸样放码技术的基本原理出发，结合人体体型特征阐述服装放码技术与技巧。裁剪排料技术则是以服装用料为切入点，通过确定裁剪方案，系统、详细地对人工排料、计算机排料技术与技巧进行了全面阐述和讲解。本书具有适用性广、科学准确、易于学习的特点，能够更好地满足各种服装放码和用料的实际需要和需求。

全书配以大量实例、大量图片，是服装高等院校及大中专院校师生的理想参考书；同时由于实用性强，也可供服装企业技术人员、广大服装爱好者参考。对于初学者或是服装制板爱好者而言，不失为一本实用而易学易懂的工具书，还可作为服装企业相关工作人员、广大服装爱好者及服装院校师生的工作和学习手册。

图书在版编目（CIP）数据

实用服装裁剪制板与成衣制作实例系列．服装裁剪放码排料篇/王晓云，王小波编著．—北京：化学工业出版社，2019.3

ISBN 978-7-122-33868-6

Ⅰ.①实…　Ⅱ.①王…②王…　Ⅲ.①服装裁缝　Ⅳ.①TS941.63

中国版本图书馆CIP数据核字（2019）第025598号

责任编辑：朱　彤　　文字编辑：谢蓉蓉

责任校对：王　静　　装帧设计：刘丽华

出版发行：化学工业出版社（北京市东城区青年湖南街13号　邮政编码100011）

印　　装：三河市万龙印装有限公司

787mm×1092mm　1/16　印张8¾　字数204千字　2019年6月北京第1版第1次印刷

购书咨询：010-64518888　售后服务：010-64518899

网　　址：http：//www.cip.com.cn

凡购买本书，如有缺损质量问题，本社销售中心负责调换。

定　　价：39.00元

前　言

《实用服装裁剪制板与样衣制作》一书在化学工业出版社出版以来，受到读者广泛关注与欢迎。在此基础上，编著者重新组织和编写了这本《实用服装裁剪制板与成衣制作实例系列．服装裁剪放码排料篇》。

本书编写内容主要分为服装裁剪放码、服装裁剪排料两个部分。其中，服装裁剪放码是从服装纸样放码技术的基本原理出发，结合人体体型特征引入服装放码基础知识，同时通过大量实例进一步阐述服装放码技术与技巧。服装裁剪排料技术则是以服装用料为切入点，通过确定具体的裁剪方案，以大量实例详细、系统地对人工排料、计算机排料技术与技巧进行了阐述和讲解。为了使读者能够在较短时间内更好地掌握和理解本书介绍的原理、方法与技巧，笔者结合自身多年的实践经验，通过一套结构清晰、科学易懂的知识体系，列举了大量服装裁剪放码排料实例，全书图文并茂、易学实用，可使读者在短时间内快速入门，成为高手。

本书共分为九章：第一章放码基础知识，主要包括放码的概念与术语、人体的基准点和基准线及制图基础；第二章服装号型系列与成衣规格设计，主要包括服装号型标准及成衣规格设计；第三章原型纸样放缩，主要内容包括服装原型纸样、原型档差分配、基本放量标注、基准点的移动和放量换算；第四章部件放缩，主要包括袖子、领子、腰部、衣袋和扣位放缩的原理与实例；第五章服装纸样分款式放缩，主要包括衬衫、插肩袖外套、连身袖唐装、蝙蝠袖夹克、直筒裙、西裤、西装上衣、旗袍、公主线上衣、连衣裙的放码方法与实例；第六章服装排料基本知识，主要包括排料概念和术语、用料计算方法、制订裁剪方案、排料原则与技巧、排料方法；第七章单量单裁排料实例，主要包括衬衫排料、连衣裙排料、西裤排料、西装上衣排料、大衣类排料；第八章两件及以上服装套排，主要包括同款套排、多款套排；第九章计算机排料，主要介绍计算机自动排料和人机交互排料。

本书由王晓云、王小波编著。本书在编写过程中得到了李晓久教授等众多专家及化学工业出版社相关人员的大力支持，在此深表感谢。由于水平所限，本书尚存有不足之处，敬请广大读者指正。

编著者

2019 年 1 月

目 录

第一章 放码基础知识

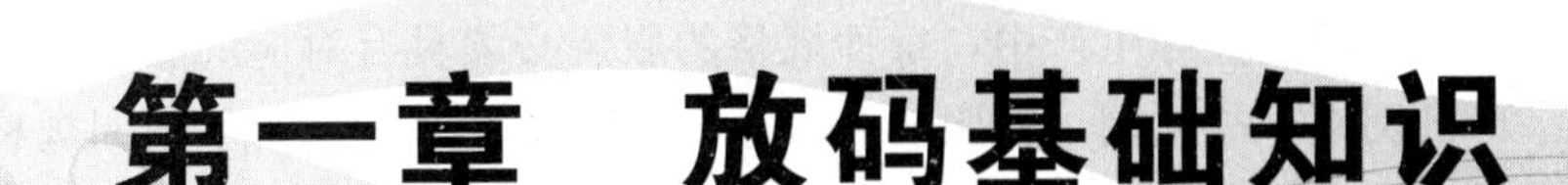

第一节 概念与术语

一、服装纸样的概念

服装纸样是三维服装形态的平面展开图纸，是从服装结构设计中获得的。一件服装从设计构思到成为商场橱窗里的商品需要很多工序和环节，而服装结构设计则是把设计师的思想以图纸的形式呈现出来，它是连接设计师天马行空般设计思路和服装生产实践的桥梁。

虽然服装有各种不同的款式，但是其最主要的原料是简单的服装面料。一般而言，服装面料是一种平面柔性材料，根据不同服装的需求，其材料特性稍有不同。制作服装纸样的主要目的是将平面柔性材料缝合成各种符合人体体型要求、人体活动要求和款式造型要求的服装成衣。简而言之，服装纸样是三维服装造型的平面展开图纸，将这些平面样片恰当地缝合在一起，即可获得具有特定款式的合体服装。

服装结构设计（也称为服装纸样设计）的基本方法有两种，即平面构成和立体构成。平面构成主要包括原型法和比例法，立体构成即立体裁剪法。不同方法的设计过程不同，但是基本思想均是以人体的形态结构特征为基础，根据具体服装款式特征加以变化，最后完成特定服装款式的纸样设计。

服装结构设计是服装生产的基础依据，纸样的结构设计是否符合款式的造型效果，对成衣的质量有着最直接影响。同样的款式和规格，不同的板师可能会设计出不同的服装纸样，而优秀板师所设计的纸样将最大限度地还原服装设计师的款式设计意图。纸样设计实践经验表明，完成服装纸样设计后，要经过样衣试制、样衣款式设计效果检验、问题反馈、服装纸样修改、样衣试制……直至获得设计师满意的成衣效果。通过反复改进服装纸样，最终获得符合款式造型效果的服装纸样，这也就是人们常说的好的服装“板型”。修正后的样片被称为“标准纸样”，而标准纸样正是服装放码的基础。

二、服装纸样放缩的概念

服装纸样放缩又称为放码。众所周知，服装设计和生产的最终落脚点是在穿着服装的人。我国是一个人口大国，不同地域的人因生活习惯的不同，具有不同的体型特征。同一地域的人，因饮食、工作、生活习惯等的不同，相互之间也存在着不同程度的体型差异。为了使不同体型的人，能依据自己的喜好穿上同一款式的服装，在生产服装时，应对同一服装产品确定不同的生产规格，即生产不同规格的服装。

在服装实际生产中，每种规格的服装必须具有对应的服装纸样，因为服装纸样是服装生产的图纸。故对同一款服装而言，在实际生产时需要若干不同规格的服装纸样。那么如何获得这些不同规格的服装纸样呢？每种规格的服装纸样其实就是一个服装“标准纸样”，根据这个“标准纸样”才能生产出完美的成衣服装。然而，正如前文所言，一个“标准纸样”的诞生是要经历反复的样衣制作和纸样修改的，这一过程将耗费很多人力、物力和时间；加之同一款式的服装往往需要若干不同的规格型号，这无疑使得服装纸样设计的工作量翻了若干倍。除此之外，对同一款式服装的不同号型服装进行单独的纸样设计，容易在纸样设计过程中产生误差，使得不同号型的服装在款式上产生差别。为了提高生产效率，保证服装款式统一，在制作不同规格的服装纸样过程中采用了服装纸样放缩技术。

服装纸样放缩技术，即通过服装的“标准纸样”，绘制出该款式服装所需全部号型纸样的技术。这样对于某一款式的服装而言，只需设计制作一个“标准纸样”即可获得所有规格服装的工业生产纸样，这就极大地提高了生产效率。在服装纸样缩放过程中，一般将中间号型服装的纸样作为“标准纸样”，然后以此为基础，根据不同号型服装之间各部位的档差需求，对“标准纸样”进行放大或缩小，绘制出所需全部号型的服装纸样。选择中间号型作为“标准纸样”有利于减小款式缩放过程中带来的误差，并且中间号型的服装对应的穿着群体更加广泛，以其作为“标准纸样”将会大大降低工作量。

三、服装纸样放缩的方法

我国服装行业已发展多年，在行业内也流行着诸多放缩方法，如“推放法”“扩号法”“制图法”“裸剪法”等。这些方法虽然各具特点，但是都需要多年的放缩经验和精湛的手工技艺作为支撑，需要对服装各部位之间的比例关系了然于心，并不适宜初学者学习。

除这些需要丰富经验支撑的放缩方法外，“比例法”和“原型法”则较为适宜初学者学习。比例法即根据比例公式计算服装纸样各个部位的放缩量，进而放缩服装纸样。对于一个款式固定的服装来说，比例法具有很高的效率且简单易行；限制比例法推广的原因在于：它不能适应当今的快速时尚发展需求。一套比例公式只能对应一种服装款式，款式更替时必须更新比例公式。而一套比例公式的诞生，需要经过服装款式纸样设计、样衣试制和款式比例公式总结。款式变化频繁，将导致比例公式的更新滞后和利用率低下，不能满足企业的效率和效益需求。原型法即通过原型纸样将人体各结构部位的放缩量分配到服装纸样的相应结构部位上。这种放缩方法的特点是款式适应性好，对于款式简单的服装可直接进行纸样放缩，但是很难照顾到复杂款式服装的每个结构部位。

服装纸样放缩的方法有很多种。无论使用何种放缩方法，最终目的都是获得各个号型的服装纸样。如果把它比喻为解数学题，就是解题的方法虽然不一样，但是答案是一样的。但是在现实的纸样放缩中，如果通过多种纸样放缩方法对同一款式服装进行缩放，得到的最终结果往往是有出入的。这是因为，服装纸样放缩的目的从来都不是获得某一精确、标准的服装纸样，或者说只是理想状态。我们进行纸样放缩的实际目的是让同一款式的服装有不同大小的版本，让不同体型的人都可以穿着该款服装。所以，我们应该灵活运用纸样放缩方法，达到纸样放缩的目的。为了使放缩后的服装款式能更适合人们的穿着，在纸样放缩过程中应遵循以下两个原则。

① 符合人体结构形态的变化规律；

② 保留原款式服装的造型特点。

前者是为了保证放缩后的服装具有舒适的穿着体验，后者是为了忠于服装设计师的设计初衷，保留设计概念和审美情趣。本书以此作为纸样放缩的核心理念，不拘泥于纸样放缩方法的限制，以原型法为基础，结合比例法的放缩思想，教授读者学习服装纸样放缩技法，使读者能掌握一种适应服装款式变化，且科学、易学的服装纸样放缩方法。

四、服装纸样放缩的术语

本书致力于教授实用的服装技术，一些书面标准用语的使用，只是为了让读者更加快速地理解相关概念。但在行业内部的交流中，人们会采用一些专用术语，理解并使用这些术语，将会使得你的沟通更加简洁和高效。服装纸样放缩的术语如下：

（1）打板　指以设计师的款式图为依据，设计服装的“标准纸样”。

（2）放码　以某款式服装的“标准纸样”为依据，获得该款服装所有号型服装纸样的过程。

（3）母板　指放码过程中所依据的基础纸样，即前文所介绍的“标准纸样”。这个纸样可以为净板，也可以为毛板。

（4）毛板　按照服装生产工艺，加入缝份的服装纸样。

（5）净板　没有加缝份的服装纸样。

（6）放缩网状图　依据服装纸样放缩原理，将所有号型的服装纸样绘制于同一张图纸之上，获得的网状服装纸样图。

第二节　人体的基准点和基准线

服装作为人们日常生活的必需品，服务于人，也来源于人。服装的设计和生产必须忠实于人体体型，例如，服装的号型规格来源于人体的长度和围度特征；服装上的省道设计来源于人体表面的起伏状态；服装松量的设计来源于人体日常活动的需要。服装之所以有现在的结构和外形，主要是人体体型和人类审美共同作用的结果。因此，学习服装放码前，要先了解人体体型特征。

人体轮廓起伏优美。为了更好地了解人体结构，人们在人体结构方面划分了若干个基准点和基准线。这些基准点和基准线往往是人体对服装的主要支撑点，或是人体的特征部位，它们对服装廓形意义非凡。下面将对人体的基准点和基准线一一介绍，在许多情况下，它们是与服装结构相互对应的。

一、人体的基准点

人体基准点的位置和特征见表 1-1。

表 1-1 人体基准点的位置和特征

序号	名称	位置	特征
1	侧颈点	位于颈根曲线上，从侧面看处于颈中偏后位置	是测量服装前衣长的参考点
2	颈中点	位于颈根曲线前中点	是服装领窝点的定位依据
3	肩端点	位于手臂与肩的转折区域，肩胛骨最外侧的端点	是测量人体肩宽、臂长的基准点，也是服装衣袖缝合的对位点
4	腋窝前点	位于胸部与手臂交界处，手臂自然下垂时手臂与胸部在腋下的交点	是测量胸宽的基准点
5	胸高点	胸部最凸起的位置即乳头点	是确定胸省省尖方向的参考点
6	前肘点	位于人体肘关节的前端	是确定服装前袖弯线凹势的参考点
7	前腰中点	位于前中线与腰围线的交点	是测量腰围的参考点
8	侧腰点	位于腰围线侧面的中点	是测量裤长或裙长的参考点
9	腹中点	前中线与臀围线的交点	是测量臀围的参考点
10	前手腕点	位于手腕的前端	是测量服装袖口围度的基准点
11	后手腕点	位于手腕的后端	是测量人体臂长的终止线
12	侧臀点	臀围线与体侧线的交点	是前后臀的分界点
13	会阴点	位于两腿交界处	是测量人体下肢长的起点
14	髌骨点	位于膝关节前端中央	是确定大衣及风衣衣长的参考点
15	后颈点	位于人体第七颈椎处	是测量人体背长、上肢长的起点，也是测量服装后衣长的起点
16	肩胛点	位于后背肩胛骨最凸起处	是确定肩省省尖点的依据
17	腋窝后点	位于背部与手臂的交界处，手臂自然下垂时，手臂与背部的交点	是测量人体背宽的基准点
18	后腰中点	位于后中线与腰线的交点处	是测量腰围的参考点
19	肘点	人体肘关节的凸出点	是确定服装后袖弯凸势、袖肘省省尖方向的参考点
20	臀中点	位于臀围线与后中线的交点处	是测量人体臀围的参考点
21	臀高点	位于臀部最凸起处	是确定臀省省尖方向的参考点
22	踝骨点	位于踝骨外侧凸起处	是测量人体腿长的终止线，也是测量裤长的参考点

二、人体的基准线

人体基准线的位置和特征见表 1-2。

表 1-2 人体基准线的位置和特征

序号	名称	位置	特征
1	颈围线	绕颈部喉结处一周的线条	是测量人体颈围尺寸的基准线，是服装领口定位的参考线
2	颈根围线	绕颈根底部一周的线条	是测量人体颈根围尺寸的参考线，是服装领口线的参考线

续表

序号	名称	位置	特征
3	前中线	将人体正面分为左右两个对称部分的分界线	是服装前片左右衣身的分界线，是定位服装前中线的参考线
4	臂根围线	绕手臂根部一周的线条，上经肩点，下经腋下点	是测量人体臂根围尺寸的基准线，也是服装中衣身与衣袖的分界线，是服装袖窿曲线定位的参考线
5	胸宽线	连接左右前腋点的直线	是测量人体胸宽的基准线
6	上臂围线	绕上臂最丰满处一周的曲线	是测量人体上臂围尺寸的基准线
7	胸围线	经胸高点水平绕胸部一周的曲线	是测量人体胸围尺寸的基准线，也是服装胸围线定位的参考线
8	前肘弯线	由前腋点起始，经前肘点、前手腕点的手臂纵向顺直线	是服装前袖弯线定位的参考线
9	上身长线	即腰节线，由侧颈点起始，经胸高点至腰围线的曲线	是服装衣身制图的参考线
10	肘围线	手臂自然下垂时，绕肘关节一周的曲线	是测量上臂长度的终止线，也是服装肘线的参考线
11	腰围线	水平绕腰部最细处一周的曲线	是测量人体腰围尺寸的基准线，也是服装腰围定位的参考线
12	手腕围线	绕前后手腕点一周的曲线	是测量人体腕围尺寸的基准线、测量人体臂长尺寸的终止线，也是服装袖口位置的定位参考线
13	中腰围线	即上臀围线，于腰围线和臀围线中点处水平环绕一周的曲线	是测量人体中腰围尺寸的基准线，是部分合体裤裙的设计参考线
14	腰长线	腰围线与臀围线之间的竖直距离	是确定裤子上裆尺寸的参考线
15	体侧线	由腋下点起始，经腰侧点、臀侧点至脚踝点的人体侧面中央曲线	是人体前、后部分的分界线，也是服装前后衣片分界线、服装侧缝的定位参考线
16	臀围线	水平绕臀部最丰满处一周的曲线	是测量人体臀围、臀长尺寸的基准线，也是服装臀围线的定位参考线
17	腿围线	于大腿根部水平环绕一周的曲线	是测量人体腿围尺寸的基准线，也是确定裤子裆深的参考线
18	膝围线	水平环绕膝盖一周的曲线	是测量大腿长度的终止线，也是服装中裆线的定位参考线
19	踝围线	经踝骨点水平环绕一周的曲线	是测量人体踝围尺寸的基准线、测量腿长尺寸的参考线，也是长裤裤脚位置的定位参考线
20	小肩线	连接侧颈点和肩端点的曲线	是人体前后肩的分界线，也是服装肩缝线的定位参考线
21	背长线	连接后颈点与后腰点的直线	是确定纸样原型中背长尺寸的依据
22	背宽线	经背部连接两个后腋点的直线	是测量人体背宽尺寸的基准线
23	后肘弯线	由后腋点起始，经后肘点至后手腕点的手臂纵向顺直线	是服装后袖弯线的定位参考线
24	后中线	将人体背面分为左右两个对称部分的分界线	是服装后片左右衣身的分界线，也是服装后中线的定位参考线

第三节　制图基础

一、制图工具

工欲善其事，必先利其器。好的制图工具能使制图过程事半功倍，下面给大家介绍服装制图过程中的一些常用工具。

（1）工作台　由于部分服装纸样片数少，导致单个纸样样片面积较大，服装制图工作台通常需要较大尺寸。规格一般为：长 2～3m，宽 1.3～1.8m，高 0.8～1.2m。

（2）纸　服装的母板一般为白板纸，放码一般使用牛皮纸。

（3）铅笔　一般使用自动铅笔，绘制轮廓线时一般需要二次描边。

（4）尺子　放码过程使用的尺子一般包括放码尺、弧度尺、直尺、三角尺。

（5）剪刀　应选用裁剪专用剪刀，常用规格为 9 号、11 号、12 号。剪刀不宜混用，剪布的和剪纸的应区分开。

（6）刀眼钳　主要用于做对位标记，分为 U 形、V 形、T 形三种型号，剪口深度控制在 0.3～0.5cm。

（7）橡皮　使用常规绘图橡皮即可。

（8）锥子　主要用于服装纸样中省、褶、口袋等部位的定位工作。通过锥子对服装纸样关键点的定位复制，可以达到快速复制纸样的目的。

（9）胶带　用于纸样的拼接、修正工作。

（10）打孔器　在纸样分类存放时，通过打孔穿绳可方便挂放管理。

二、制图符号

服装纸样并不是一次性的生产工具，优秀的服装纸样在生产结束后往往需要入库保存，便于之后的使用和借鉴。为了让后续工作人员能更加快速准确地理解这些入库纸样，也为了纸样修订时更加高效地进行技术交流，在制作纸样的过程中形成了一系列制图符号。这些制图符号的存在有利于统一和规范纸样标识，使后续工作人员能准确、快速地读懂服装纸样。

这些制图符号通过线的粗细、线的类型和图形的形状等相互区别，力求形象地表达相关的制图含义。制图符号在纸样制作、服装生产及产品检验中发挥着举足轻重的作用。它是服装行业的从业人员必须熟悉和掌握的基础知识。常用服装制图符号名称、样式和含义如表 1-3 所示。

表 1-3　常用服装制图符号名称、样式和含义

序号	符号名称	符号样式	符号含义
1	粗实线		表示完成线，是纸样制成后的实际边界线
2	细实线		表示辅助线，制图人员用其辅助自己更好地制图
3	等分线		表示将某一线段等分成若干等份，虚弧线的数量代表等分的份数
4	相同尺寸		用两个以上的相同符号标注以表示被标注量尺寸相等
5	直角		表示该角为直角，即角度为 90°
6	重叠		表示两片纸样在此处相交重叠
7	剪切		表示该位置需要进行剪切

续表

序号	符号名称	符号样式	符号含义
8	合并	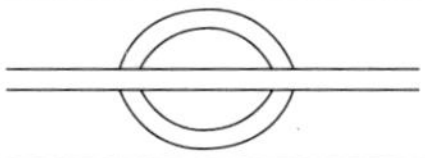	表示将两部分合并、拼接在一起
9	距离	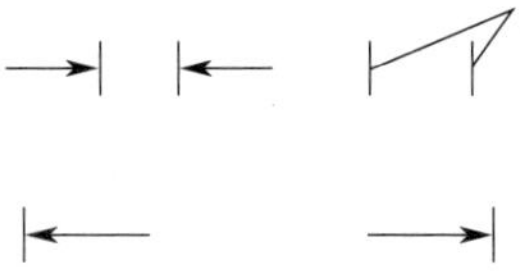	表示被标识两端的距离
10	定位符号		表示对纸样上特定位置进行的标记，如口袋位置、省位、褶位等
11	布丝方向		表示面料上经纱的方向
12	倒顺线		表示某些特殊面料上伏毛、毛绒倒伏的方向
13	省	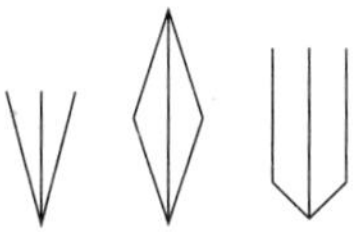	表示省的位置和形状
14	活褶	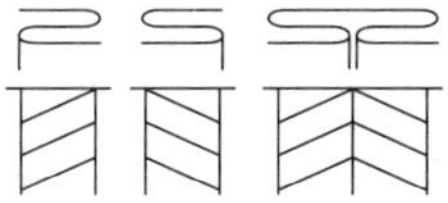	表示不同褶的位置和成型方式
15	缩褶		表示缝合时此处需缩缝
16	归拢		表示此处需借助一定的温度和技术手法将余量归拢
17	拔开		表示此处需借助一定的温度和技术手法将缺量拔开
18	平行线		表示此处两条线迹平行
19	对位		表示纸样上标注的两个部位在缝合时需要对齐
20	明线		表示明线的位置和特征(针/cm)
21	锁眼位置		表示纽扣扣眼的位置
22	钉扣位置		表示纽扣位置
23	正面标记		表示该面为面料的正面
24	反面标记		表示该面为面料的反面
25	罗纹标记	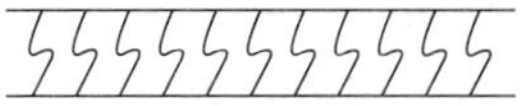	表示此处面料为罗纹，常见于袖口或领口等需要弹性收缩的位置
26	虚线		表示不可见的轮廓线或辅助线

续表

序号	符号名称	符号样式	符号含义
27	点划线	—·—·—·—	表示衣片在此处连折，裁剪时不可裁开；或此处有需翻折的线条，例如驳领的翻折线
28	双点划线	—··—··—··—	表示服装的折边位置
29	省略	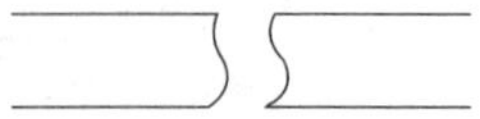	表示此处省略长度
30	对条	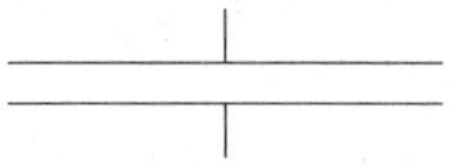	表示面料在此处需要进行对条处理，即在缝合这两块裁片时，使其面料上的条形纹样相互对接、统一
31	对格	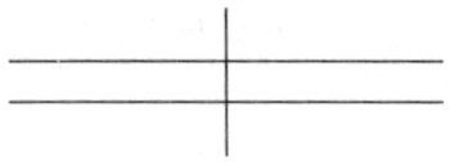	表示面料在此处需要进行对格处理
32	对花	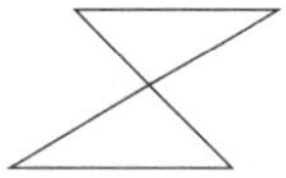	表示面料在此处需要进行对花处理
33	拉链	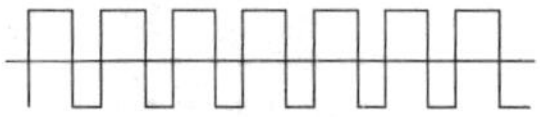	表示该裁片在此处需要上拉链
34	花边	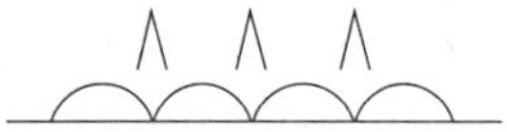	表示该裁片在此处有花边装饰
35	斜料		表示此面料为斜料
36	毛样号		表示此纸样为带有缝份的毛纸样
37	净样号	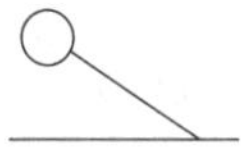	表示此纸样为不带缝份的净纸样
38	标注说明		表示制图者在此处有特殊说明，标明位置及内容

三、制图部位简称

在纸样制图过程中，为了使纸样的结构更加清晰明了，除了为其标注制图符号，还应对纸样关键结构线和结构点进行标注，如胸点、前中线、胸围线等。为了标注和读取方便，也为了保持纸样表面的整洁，通常会使用一些英文简称对其进行标注。学习这些标注能够对纸样进一步完善，这也是制图过程中需要掌握的基础知识之一。常用制图部位英文简称及中、英文名称如表 1-4 所示。

表 1-4　常用制图部位英文简称及中、英文名称

简称	英文名称	中文名称	简称	英文名称	中文名称
B	Bust	胸部	FNP	Front Neck Point	前颈点(颈窝点)
W	Waist	腰部	SP	Shoulder Point	肩点
H	Hip	臀部	SW	Shoulder Width	肩宽
BL	Bust Line	胸围线	BP	Bust Point	胸高点
WL	Waist Line	腰围线	HS	Head Size	头围
HL	Hip Line	臀围线	CF	Centre Front	前中线
EL	Elbow Line	肘线	CB	Centre Back	后中线
KL	Knee Line	膝线或髌骨线	MBL	Middle Bust Line	中胸线
AC	Across Chest	胸宽	MHL	Middle Hip Line	中臀线
AB	Across Back	背宽	SL	Sleeve Length	袖长
AH	Armhole	袖窿	WS	Wrong Side	反面
SNP	Side Neck Point	侧颈点	L	Length	长度
BNP	Back Neck Point	后颈点(颈后中点)			

第二章　服装号型系列与成衣规格设计

第一节　服装号型标准

一、服装号型标准的概念

1. 服装号型标准设置的意义

简单地说，服装号型标准的意义是为了让更多消费者更容易买到适合自己体型的服装。

在中国服装行业发展的初期，号型标准只是各地区、各厂家根据本地区的消费结构和本企业的生产特点确定的区域性标准。后来随着中国经济和社会化大生产的不断发展，企业的销售目标从企业本地区渐渐转向全国，服装消费者也将自己的眼光投向全国，商品的流动范围不断扩大，地域的界线日益模糊。为了促进服装生产和商品流通，保证企业生产的服装更好地符合各地消费者的体型特征，迫切需要将全国各地区、各厂家的生产规范加以统一。服装号型标准在此背景下应运而生。1991 年，我国正式颁布实施了 GB/T 1335—1991《服装号型》国家标准，随后又在该标准基础之上进行了修订，使之更加科学实用；之后又借鉴发达国家服装号型标准的实施经验，于 1997 年正式颁布实施了 GB/T 1335—1997《服装号型》国家标准。为了使号型标准更符合国民的体型特征，又于 2009 年颁布实施了 GB/T 1335—2008《服装号型》国家标准。

号型标准是服装设计和生产过程中的重要技术依据。一件好的服装，不仅能够使人得到审美享受，还应使人穿着舒适。“审美享受”依靠款式设计，“穿着舒适”依靠服装面料和规格设计。规格设计离不开号型标准的支持。号型标准提供了科学的人体结构部位参考尺寸及规格系列设置，可由设计者根据目标市场情况选择使用。号型标准还是设计、生产、流通领域的技术指标和沟通语言。设计师、生产商应根据号型标准生产设计服装，消费者则根据号型标准快速方便地找到合体服装。所以，服装号型标准是学习放码的必备基础知识之一。

2. 服装号型标准的概念

(1) 号型的定义

① 号：高度数据，指人体的身高，是设计和购买服装长短的依据。

② 型：围度数据，指人体的胸围或腰围。在上衣的设计和购买中表示胸围，在下装的

设计和购买中表示腰围，是设计和购买服装肥瘦的依据。

③ 人体体型分类：通过号型来标识服装的规格，其实就是通过身高、胸围和腰围来标识人的体型。但是对于单件服装来说，标识体型的数据只有它们中的两项，即身高和胸围，或者身高和腰围。实际生活中，具有相同身高和胸围的人，其体型特征仍可能存在差异。所以，为了更加准确全面地标识体型状态，还需引入新的标志量。按照人体体型分布规律，身材纤瘦的人，腰部较细，胸腰落差较大。因此，服装号型标准引入胸腰差这一指标量，并以此将人体体型分为Y、A、B、C四类，胸腰差从Y到C依次减小，体型从Y到C逐渐丰满。这四类体型属于正常体型，其中A、B体型占大多数。胸腰差与体型的关系如表2-1所示。

表2-1 胸腰差与体型的关系 单位：cm

体型代码	Y(纤瘦体型)	A(标准体型)	B(丰满体型)	C(肥胖体型)
女子	24～19	18～14	13～9	8～4
男子	22～17	16～12	11～7	6～1

（2）号型的标识方法　服装号型的标识方法为：号/型 · 体型（“·”也可省略）。

例如：上装 160/84 A　下装 160/68 A

上装160/84 A表示该规格服装的适合人群为：身高为158～162cm，腰围为82～86cm，体型代码为A。下装160/68 A表示该规格下装的适宜人群为：身高为158～162cm，腰围为66～70cm，体型代码为A。

二、服装号型设置的依据

服装号型有其固有规范，通过性别、人体体型、控制部位的分档范围和档差大小将人群分为若干个区间，用每个区间的中间值代表整个区间的人群。一般而言，这些区间是固定的，服装号型也是固定的。但是，一款服装具体批量生产哪几个号型，这就需要根据投放市场的目标群体的体型情况来确定。以下将介绍这些概念，并解释现有号型标准的设置方法和依据。

1. 分档范围

通过对基本部位的尺寸进行范围确定，即身高、胸围和腰围，将绝大多数穿着者纳入服装号型标准的涵盖范围，再通过性别、体型和档差对人群进行细分，最终实现每个人都能通过号型找到适合自己尺寸的服装。但是，分档范围并没有覆盖所有人，不在分档范围内的人群，属于特殊体型。基本部位尺寸的分档范围如表2-2所示。

表2-2 基本部位尺寸的分档范围 单位：cm

性别	身高	胸围	腰围
女子	145～175	68～108	50～102
男子	150～185	72～112	56～108

2. 控制部位

人体具有优美的外形和复杂的表面结构。服装为了契合人体外形，必须符合人体的外形结构规律。这些结构规律被总结为若干个人体控制部位，了解这些控制部位，就能更加合理地进行尺寸设计。在号型标准中确定了10个人体控制部位，这些部位按照各自的属性，可

以被分为高度系列和围度系列两类。其中，身高、胸围和腰围又被称为基本部位。人体控制部位的名称和分类如表 2-3 所示。

表 2-3　人体控制部位的名称和分类

分类	名称				
高度系列	身高	颈椎点高	坐姿颈椎点高	腰围高	全臂长
围度系列	胸围	腰围	臀围	颈围	总臂宽

3. 档差大小

档差又称跳档数值，它是指两个相邻的服装号型中，人体部位尺寸数据的差值。如女子身高在号型系列中档差为 5cm，通过表 2-2 可知女子身高的分档范围为 145～175cm，则女子身高被分为 7 个档，分别为：145cm、150cm、155cm、160cm、165cm、170cm 和 175cm。其中，女子身高 160cm 档，就是前文提到的 160/84 A 号型中，身高范围为 158～162cm 的人群。不同的人体特征部位，其档差的大小不同，档差的大小是依据人体尺寸的变化规律来确定的。

女子各控制部位档差如表 2-4 所示。

表 2-4　女子各控制部位档差表　　单位：cm

部位(高度系列)	档差	部位(围度系列)	档差	
身高	5	胸围	4	
颈椎点高	4	颈围	0.8	
坐姿颈椎点高	2	总肩宽	1.0	
全臂长	1.5	腰围	4 或 2	
腰围高	3	臀围	Y 体型/A 体型	B 体型/C 体型
			3.6/1.8	3.2/1.6

4. 号型系列

每个号型系列都有其自身固定的部位尺寸档差，号型系列之间的差别也是因档差不同造成的。档差越小，则号型系列中不同的“号”和“型”也就越多，其组合而成的服装号型也就越多。

如：“5 · 4 系列”是指身高按 5cm 跳档，腰围按 4cm 跳档；“5 · 2 系列”是指身高按 5cm 跳档，腰围按 2cm 跳档。其中，只在下装尺寸设计时，可将 5 · 2 系列和 5 · 4 系列搭配使用；“5 · 2 系列”因腰围档差更小，所以该系列拥有更多的号型组合。表 2-5～表 2-8 给出了不同体型的女装常用号型系列表。

表 2-5　女装常用号型系列表（5 · 4/5 · 2 系列 Y 体型）　　单位：cm

身高 腰围 胸围	145		150		155		160		165		170		175	
72	50	52	50	52	50	52	50	52						
76	54	56	54	56	54	56	54	56	54	56				
80	58	60	58	60	58	60	58	60	58	60	58	60		

续表

身高 腰围 胸围	145		150		155		160		165		170		175	
84	62	64	62	64	62	64	62	64	62	64	62	64	62	64
88	66	68	66	68	66	68	66	68	66	68	66	68	66	68
92			70	72	70	72	70	72	70	72	70	72	70	72
96					74	76	74	76	74	76	74	76	74	76

表 2-6　女装常用号型系列表（5・4/5・2 系列 A 体型）　　　单位：cm

身高 腰围 胸围	145			150			155			160			165			170			175		
72				54	56	58	54	56	58	54	56	58									
76	58	60	62	58	60	62	58	60	62	58	60	62	58	60	62						
80	62	64	66	62	64	66	62	64	66	62	64	66	62	64	66	62	64	66			
84	66	68	70	66	68	70	66	68	70	66	68	70	66	68	70	66	68	70	66	68	70
88	70	72	74	70	72	74	70	72	74	70	72	74	70	72	74	70	72	74	70	72	74
92				74	76	78	74	76	78	74	76	78	74	76	78	74	76	78	74	76	78
96							78	80	82	78	80	82	78	80	82	78	80	82	78	80	82

表 2-7　女装常用号型系列表（5・4/5・2 系列 B 体型）　　　单位：cm

身高 腰围 胸围	145		150		155		160		165		170		175	
68			56	58	56	58	56	58						
72	60	62	60	62	60	62	60	62	60	62				
76	64	66	64	66	64	66	64	66	64	66				
80	68	70	68	70	68	70	68	70	68	70	68	70		
84	72	74	72	74	72	74	72	74	72	74	72	74	72	74
88	76	78	76	78	76	78	76	78	76	78	76	78	76	78
92	80	82	80	82	80	82	80	82	80	82	80	82	80	82
96			84	86	84	86	84	86	84	86	84	86	84	86
100					88	90	88	90	88	90	88	90	88	90
104							92	94	92	94	92	94	92	94

表 2-8　女装常用号型系列表（5・4/5・2 系列 C 体型）　　　单位：cm

身高 腰围 胸围	145		150		155		160		165		170		175	
68	60	62	60	62	60	62								
72	64	66	64	66	64	66	64	66						

续表

身高 腰围 胸围	145		150		155		160		165		170		175	
76	68	70	68	70	68	70	68	70						
80	72	74	72	74	72	74	72	74	72	74				
84	76	78	76	78	76	78	76	78	76	78	76	78		
88	80	82	80	82	80	82	80	82	80	82	80	82		
92			84	86	84	86	84	86	84	86	84	86	84	86
96			88	90	88	90	88	90	88	90	88	90	88	90
100			92	94	92	94	92	94	92	94	92	94	92	94
104					96	98	96	98	96	98	96	98	96	98
108							100	102	100	102	100	102	100	102

5. 中间体

中间体是指按照人体体型进行人体测量，将各体型人体基础部位尺寸进行平均求值，并参考各部位的平均值，获得号型标准中的中间体。一般而言，服装母板均为中间体号型，但根据实际情况也可选择其他号型。以中间体号型作为母板，可一定程度上减少放码时产生的累计误差。中间体基本部位尺寸数据如表 2-9 所示。

表 2-9 中间体基本部位尺寸数据　　单位：cm

性别	部位	Y	A	B	C
女子	身高	160	160	160	160
	胸围	84	84	88	88
男子	身高	170	170	170	170
	胸围	88	88	92	96

第二节　成衣规格设计

上一节中介绍了服装号型标准和号型设置依据的一些知识，那么对每个号型的服装成衣而言，其各部位的尺寸究竟如何确定呢？规定的 10 个控制部位尺寸是否足以满足尺寸设计的需求？这些人体控制部位的尺寸和服装成衣尺寸之间存在着怎样的联系？本节将一一解答。

一、放码参考特征部位

放码的过程也是服装纸样上相关控制点按照对应档差进行放缩的过程，那么哪些控制点是放码过程中需要关注的呢？上一节中，我们介绍了人体的 10 个控制部位，这些控制部位是纸样设计和放码的重要技术依据。但是，对于放码来说只有这些点还不够，它们不能较完整地反映服装与人体的依附关系。

为了更好地把握人体结构形态和变化规律，更好地对服装纸样进行放码，还需增加一些其他部位尺寸和档差数据。确定这些部位和数据时可通过人体测量和数据进行处理，也可通过人体测量和经验分析。中国女装放码参考尺寸如表2-10所示。

表2-10　中国女装（5·4系列A体型）放码参考尺寸　　单位：cm

部位＼号型	150/76	155/80	160/84	165/88	170/92
胸围	76	80	84	88	92
腰围	60	64	68	72	76
臀围	82.8	86.4	90	93.6	97.2
颈围	32/35	32.8/36	33.6/37	34.4/38	35.2/39
臂根围	25	27	29	31	33
腕围	15	15.5	16	16.5	17
掌围	19	19.5	20	20.5	21
头围	54	55	56	57	58
肘围	27	28	29	30	31
腋围	36	37	38	39	40
身高	150	155	160	165	170
颈椎点高	128	132	136	140	144
前长	38	39	40	41	42
背长	36	37	38	39	40
全臂长	47.5	49	50.5	52	53.5
肩至肘	28	28.5	29	29.5	30
腰至臀	16.8	17.4	18	18.6	19.2
腰至膝	55.2	57	58.8	60.6	62.4
腰围高	92	95	98	101	104
股上长	25	26	27	28	29
肩宽	37.4	38.4	39.4	40.4	41.4
胸宽	31.6	32.8	34	35.2	36.4
背宽	32.6	33.6	35	36.2	37.4
乳间距	17	17.8	18.6	19.4	20.2
袖窿长	41	41	43	45	47

注：1. 袖窿长是服装结构尺寸。

2. 颈围的两个数据分别为净尺寸和实际领围。

二、成衣规格

可以将服装从设计到生产的整个流程简化为以下几个步骤：①设计师设计款式图；②打板师通过款式图获得该款式服装的母板；③通过对母板进行放码，获得该款式所有号型的工业生产纸样；④进行服装工业生产。本书的侧重点是介绍步骤③放码的技术方法。但是，正如前文所言，制作服装纸样的过程是一个建立服装与人体对应依附关系的过程，在这一过程中充分体现人体结构规律的变化，体现服装功能性对服装结构的影响是关键因素。其中，服装功能性对服装结构的影响主要体现在服装款式设计和成衣规格设计阶段，故成衣规格设计在学习人体结构对服装结构的影响过程中至关重要。虽然成衣规格设计严格地说属于步骤②的内容，而不属于步骤③放码的知识范畴，但在部分情况下放码过程也会涉及该知识，且也是为了更好地说明服装纸样结构的形成过程，本书依然对成衣规格设计做必要说明。

成衣规格设计是连接人体结构和服装结构之间的桥梁，是人体轮廓和服装廓形之间的缓冲剂。简单地说，成衣规格设计就是设计人体各结构部位和对应服装结构部位之间的松量。这些部位的松量空间拼凑在一起，就形成了服装与人体之间的空隙层：空隙空间越大，则该服装越宽松，适合休闲穿着；空隙空间越小，服装越合体，越能体现人体的曲线美。

服装某结构部位的成衣规格是按照与之对应的人体控制部位尺寸加减一定的数值来确定的。加减的数值取决于该服装的款式和功能，这是一个设计量，由设计师自由掌控。例如，根据服装款式的特点，一方面，胸围的成衣规格可以在人体胸围尺寸的基础上加 10cm、15cm 或者 20cm，减少服装对人体的束缚感；另一方面，如果服装面料具有较强弹性，根据需求也可在人体胸围尺寸上减去一定量，使得该服装对人体胸部具有更强的支撑和塑形作用。

一般来说，先结合成衣规格设计完成服装母板的制版工作，之后根据放码原理得到其他号型服装的成衣尺寸。由于服装号型标准是依照系列设定的，故依此放码而来的成衣尺寸也具有对应的系列性。值得注意的是，服装各部位的成衣规格并不需要与号型标准完全对应，可根据服装款式和功能性差异进行修改。

根据服装结构的复杂程度递增，成衣规格设计的控制部位也随之递增，如披风、圆裙和斗篷，其结构简单，故只需较少的部位即可控制成衣规格尺寸；西服、旗袍、大衣和其他合体服装，因服装结构复杂，需更多部位方可控制成衣规格尺寸。A 体型中间体女上装成衣规格设计尺寸如表 2-11 和表 2-12 所示。

表 2-11　A 体型中间体女上装成衣规格设计尺寸　　单位：cm

部位 种类	衣长	胸围	肩宽	袖长	领围
中间体对应部位尺寸	身高：160 颈椎点高：136	84	39.4	50.5	33.6
西装	(颈椎点高/2)－5 或 2/5 身高＋2	胸围＋(14～18)	肩宽＋(1～2)	全臂长＋(3～4)	颈围＋2.4
衬衣	2/5 身高	胸围＋(12～14)	肩宽＋1.1	全臂长＋(1.1～3.5)	颈围＋3.4
中长旗袍	3/5 身高＋8	胸围＋(12～14)	肩宽＋1.1	全臂长＋(1.1～3.5)	颈围＋4.1
连衣裙	3/5 身高＋(0～8)	胸围＋(12～14)	肩宽＋1.1	全臂长＋(1.1～3.5)	颈围＋4.1
短大衣	3/5 身高＋(0～8)	胸围＋(12～14)	肩宽＋(1.1～3.6)	全臂长＋(5～7)	颈围＋(6.4～12.4)
长大衣	3/5 身高＋(8～16)	胸围＋(20～26)	肩宽＋(1.1～3.6)	全臂长＋(5～7)	颈围＋(6.4～12.4)

表 2-12　A 体型中间体女下装成衣规格设计尺寸　　单位：cm

部位 种类	裤(裙)长	腰围	臀围	上裆	裤口
中间体对应部位尺寸	身高：160 腰围高：98	68	90	股上长：27	足围/腿围
长裤	腰围高＋(0～2)	腰围＋(2～4)	臀围＋(8～12)	股上长＋2	参考足围与款式
裙裤	2/5 身高－(2～6)	腰围＋(0～2)	臀围＋(6～10)	股上长＋(2～5)	参考腿围与款式
裙	2/5 身高±(0～10)	腰围＋(0～2)	臀围＋(2～10)		根据款式

第三章　原型纸样放缩

对于放码基础知识前面已经介绍完毕，接下来的篇幅将进入学习放码技术阶段。放码技术学习的是技术原理并掌握放码原理。放码过程万变不离其宗，服装原型纸样是所有款式结构纸样的基础，它包含了人体所有基本部位与服装相应基本部位的相互关系。掌握好原型纸样的放码方法之后，对其他复杂结构纸样的放码方法，只需在此基础上依据放码原理再做延伸即可。

第一节　服装原型纸样

一、原型纸样的概念

复杂的事物往往是由简单的基础事物叠加演化而来的，服装纸样也是如此。复杂的服装款式结构是由单个简单的服装结构部位组合而来。虽然服装款式千变万化，服装纸样不尽相同，但是它们都可以从原型纸样演化而来。

原型纸样是一种最基本的服装款式纸样，它反映人体着装部分基本的形态结构，反映现代服装的基本结构，揭示人体与服装基本结构部位的相互关系，是服装纸样设计的基础。人们将这种基本纸样结构称为原型纸样。

无论使用哪种纸样设计方法，最后都可以设计出服装原型纸样。原型纸样是其他款式纸样的基础，通过变换衍生基本纸样，可以设计出其他各种款式的服装纸样。同时，通过学习原型纸样放缩方法，掌握放码原理并以此为基础，才能进一步掌握人体与服装基本结构部位间的相互关系，分析其他款式服装纸样与原型纸样之间的联系，将原型纸样的放码原理应用到其他各款式服装纸样的放码过程中。

二、各原型纸样介绍

1. 上衣原型纸样

上衣原型纸样分为前片和后片，胸围和腰围被平均分配在上衣前片和后片上，分配比例也可根据需要进行调整。根据成衣规格设计原则分为胸围和腰围添加松量。腰围包括基本胸腰省，省量参考胸腰差设置，衣身长度参考上身长线设置。上衣前片为中间开襟，具有袖窿和领口结构。上衣原型纸样如图 3-1 所示。

2. 袖子原型纸样

以上衣原型中的前后袖窿弧长为基础，确定袖山形状，前袖袖山弧线曲度大于后袖袖山弧线曲度。以袖中线为基准，袖片被分为前后两个部分。袖子原型纸样如图 3-2 所示。

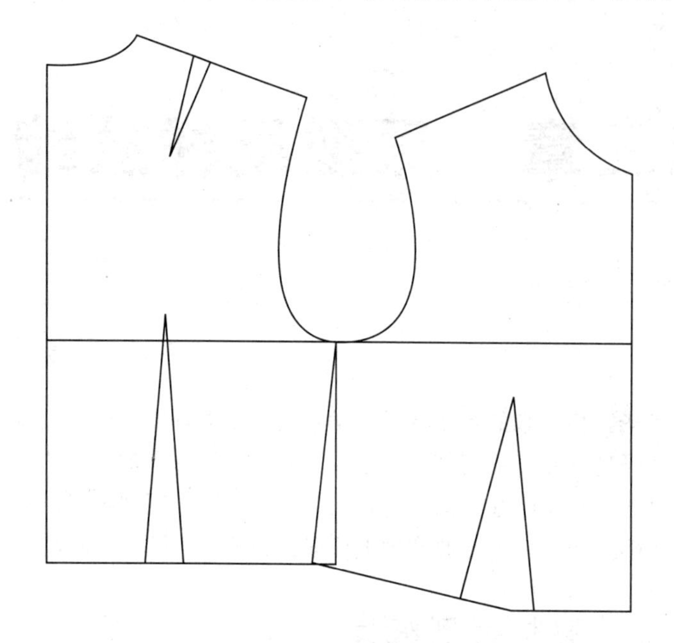

图 3-1　上衣原型纸样

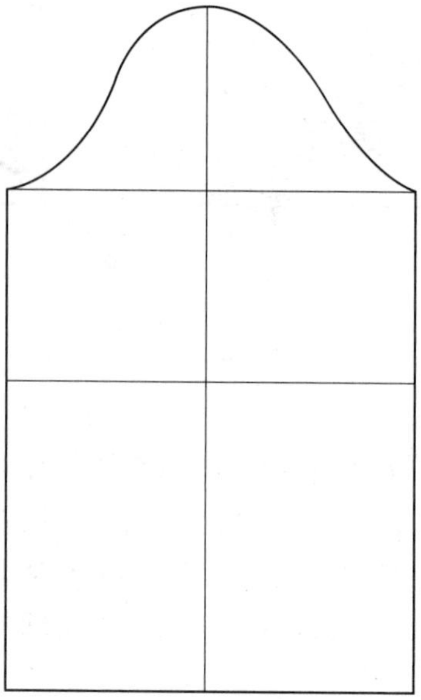

图 3-2　袖子原型纸样

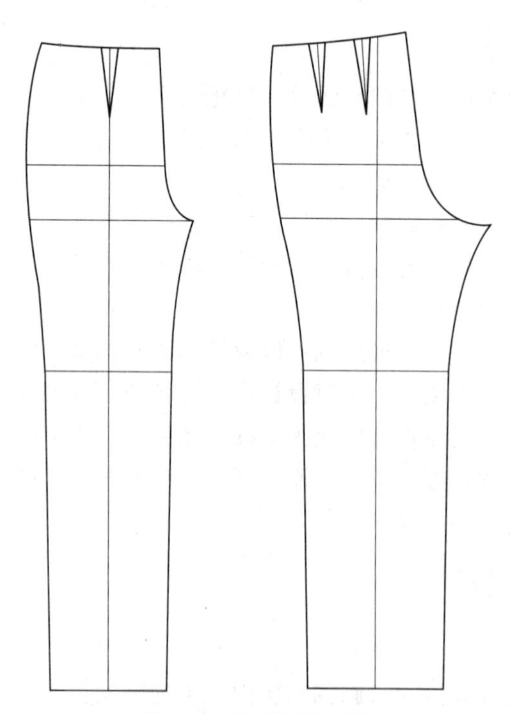

图 3-3　裤子原型纸样

3. 裤子原型纸样

裤子原型纸样分为前片和后片，前后片以各自纵向中线为基准，确定人体特征部位的位置。腰围和臀围可平均分配于前后片上，也可根据款式需要稍做调整，根据成衣规格设计原则为腰围和臀围加放松量。腰围上做臀腰省，省量参考臀腰差设定。裤子原型纸样具有裆结构，前裆小，后裆大，如图 3-3 所示。

4. 裙子原型纸样

裙子原型纸样分为前片和后片，腰围和臀围可平均分配于前后片上，也可根据款式需要稍做调整，根据成衣规格设计原则分为腰围和臀围加放松量。腰围上做臀腰省，省量参考臀腰差设定。裙长参考腰围线经臀高点至膝围线距离设定。裙子原型纸样如图 3-4 所示。

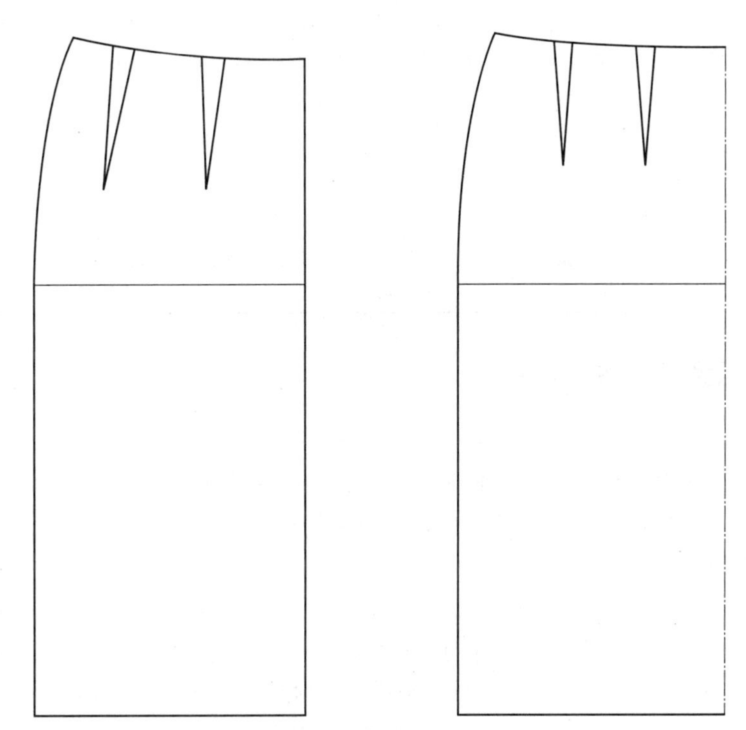

图 3-4 裙子原型纸样

第二节 原型档差分配

放码是根据人体结构部位的尺寸变化规律，将不同体型的人体尺寸差异体现到不同号型的服装纸样结构中。通过档差这一概念，将服装划分为若干个号型，使之与不同体型的人体尺寸相对应。那么档差究竟是如何落实到对应号型的服装结构纸样之中的？本节将根据纸样放码的原理，介绍如何将人体各部位的档差施加于原型纸样的相应部位以完成原型纸样的放码过程。

一、上衣原型纸样放码原理

上衣原型纸样放码如表 3-1 所示。

表 3-1　上衣原型纸样放码　　单位：mm

部位名称	档差大小	档差分配	分配原则
胸围	40	10	胸围量分布于衣身前后片，且前后片胸围比例为1：1，则前后片各放缩20，又因为前后片都为两个裁片，故每个裁片放缩10
腰围	40	10	与胸围原理相同，需注意放缩时胸围和腰围应同时放缩10
胸宽	12	6	胸宽量分布于两个服装前片，共需放缩12；故每个裁片放缩6，具体放缩于前中线至胸宽线之间
背宽	12	6	背宽分布于衣身后片，共需放缩12；故每个裁片放缩6，具体放缩于后中线至背宽线之间
袖窿深	6	6	袖窿深不是人体某一部位尺寸，而是服装的结构尺寸；其尺寸由人体胸围尺寸决定，近似为胸围的1/6加上7(经验值)；当胸围变化一个档差(即40)时，袖窿深的变化约为6，即档差为6
袖窿宽	8	4	根据原型纸样胸围、胸宽、背宽和袖窿宽之间的相互关系，袖窿宽的档差应为8，将其均匀分配到前后片上，则前后片各为4
肩宽	10	5	肩宽量均匀分配于前后片上，故前后肩点至前后中线距离放缩5
领围	10	5	根据实际经验，取领围档差为10，每个半领围放缩量为5，具体放码方法为：后领深不变，后领宽加2；前领深加2，前领宽加2；因前领深、前领宽加2；则半领围近似增加3；后领深不变，后领宽加2，则半领围近似增加2；故半领围共增加5
背长	10	10	直接对纸样背长进行放缩
腰长	10	10	直接对纸样腰长进行放缩
胸点间距	8	4	将档差8平均分配到两个前片，对两个前片上胸点至前中线距离分别放缩4
胸点高	胸围线高－4		胸点高给人以健康和挺拔的感受；为了审美需要，胸点高一般定为胸围线高往下取4；对于中老年人，胸点高与人体实际相差较大时，可适当往下调整

二、袖子原型纸样放码原理

1. 袖山结构分析

在袖子原型纸样中，袖山是结构较为复杂的部分。袖山曲线的绘制依据是衣身原型纸样的袖窿结构部分，因为在生产服装的时候，袖山曲线最终要和袖窿曲线缝合。故袖窿结构的档差分配是袖山结构档差分配的依据。

袖山与袖窿结构关系如图3-5所示，图中粗虚线代表上衣袖窿结构，粗实线代表袖片和袖山结构，细实线为辅助线。袖子与袖窿缝合时，前后衣片与前后袖片分别在前对位点O'和后对位点O进行对位。为使袖子和袖窿服帖缝合，在图中对位点下半区域中，曲线OE和OC的长度应近似相等；曲线$O'E'$与$O'C$长度应近似相等。上衣袖窿前后符合点O'和O与胸围线的距离（即图3-5中▲标注部分）档差为2mm，袖窿宽（即图3-5中中间两个●标注部分）档差在前后衣片的分配量各为4mm。则根据相似性原理，袖子袖山前后符合点O'和O与袖根肥线距离的档差也应为2mm，袖子袖山前后符合点至袖缝距离的档差也应为4mm。

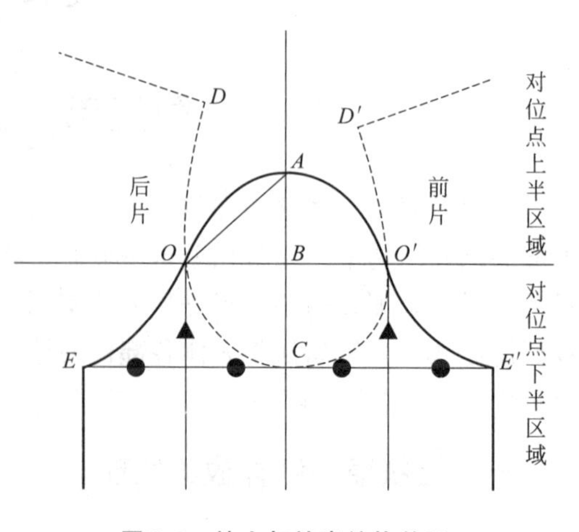

图3-5　袖山与袖窿结构关系

在图3-5中对位点上半区域中，缝合时，上衣前后肩点D'和D将重合在袖子袖山顶点A处。此时，曲线OD与OA长度应近似相等，曲线$O'D'$和$O'A$长度应近似相等。上衣纸样在放码时，曲线OD和$O'D'$的放缩量近似为5mm。如不考虑袖山缝合吃量，袖子袖山曲线 OA 和 $O'A$ 部分的放缩量也应为 5mm。可认为在直角△OBA 中，OA 长度为 5mm，OB 长度为 4mm，则 AB 长度为 3mm，即袖山符合点 O 和 O' 至袖山高点 A 距离的档差可定为 3mm。

2. 袖子原型纸样其他部位档差分配

在袖子原型纸样中，还需若干其他控制部位。它们分别是袖山高、袖长和袖根肥。

如图 3-5 所示，袖山高 AC 的档差由"袖子袖山前后符合点 O' 和 O 与袖根肥线距离的档差"和"袖山符合点 O 和 O' 至袖山高点 A 距离的档差"组成，即袖山高的档差为 2mm 加 3mm，即 5mm。袖根肥：即图 3-5 中 4 个●标注部分的总档差，为 4mm 乘 4，即 16mm。袖长：确定袖长的参考量为人体的全臂长，故其档差和人体全臂长档差一致，为 15mm。

三、裤子原型纸样的放码原理

裤中线是放码过程中的重要结构线，它是确定腰围、臀围和裤口等主要部位相对位置的基准。以其为基准，在放码过程中，腰围线、臀围线和裤口线在裤中线两侧的分配比例保持不变。也正因为如此，在裤子原型纸样的放码过程中，同一裁片某部位的内外侧放缩量可能有所不同。裤子原型纸样放码如表 3-2 所示。

表 3-2　裤子原型纸样放码　　　　单位：mm

部位名称	档差大小	档差分配	分配原则
腰围	40	见分配原则	以腰围档差 40 为例，裤子原型纸样腰围前后比例为 1∶1，则 4 个裁片档差各分配 10，之后以裤中线为基准，前片外侧分配 6，内侧分配 4；后片外侧分配 8，内侧分配 2
臀围	36	见分配原则	以臀围档差 36 为例，裤子原型纸样臀围前后比例为 1∶1，则 4 个裁片档差各分配 9；以裤中线为基准，前片外侧分配 5，内侧分配 4；后片外侧分配 7，内侧分配 2
裆宽	7	前裆 2；后裆 5	裆宽总量约为臀围的 0.17～0.2，前后裆宽比例为 1∶3；臀围为 36 时，总裆宽约为 7，则前裆宽分配 2，后裆宽分配 5
裆深	10	10	裆深的设定基准为人体的股上长，故其档差与人体股上长档差一致，取 10
裤长	30	30	裤长的设定参考依据为腰围高，故其档差与腰围高档差一致，根据前文表 2-4 可知，腰围高档差为 30，故裤长档差取 30
裤口	10	前 2；后 3	裤口为服装结构部位名称，在裤子原型纸样中，其档差设定的参考依据为大腿围，取 10；前片分配 4，放码时裤口两侧各往外放缩 2；后片分配 6，放码时两侧各往外放缩 3

四、裙子原型纸样的放码原理

裙子放码与裤子放码有相似之处，但比裤子放码要简单。确定腰围、臀围和裙长等主要部位的相对位置的基准，以其为基准，在放码过程中，腰围线、臀围线和裙摆线在裙中线两侧的分配比例保持不变。裙子原型纸样放码如表 3-3 所示。

表 3-3　裙子原型纸样放码　　　　单位：mm

部位名称	档差大小	档差分配	分配原则
腰围	40	10	腰围量档差大小为 40，而裙子前后片腰围比例为 1∶1，故前后片各放缩 20，又因为裙子前后片均为两个裁片，故各裁片放缩 10
臀围	36	9	分配原则与腰围相同
臀长	6	6	臀长档差为 6，即在放缩过程中，腰围线与臀围线之间的距离放缩量为 6

续表

部位名称	档差大小	档差分配	分配原则
裙长	18	18	裙长档差的设置依据为裙长占人体的比例，如该款裙子裙摆下至人体膝盖，则其档差为该体型人体腰围线至膝盖距离的档差；裙子原型纸样裙摆下至膝盖往下少许，其档差为18

第三节　基本放量标注

前文介绍了一些服装基本原型纸样的放缩原理，通过这些放码原理可以完成服装纸样的放码和绘制。在绘制过程中，会使用一些标注去注明各个点的放缩量，以方便日后查看和修改。本节将介绍放码过程中使用的基本放量标注方法。

一、基本概念

1. 放缩点

服装纸样是三维服装的平面展开图形，由若干线连接若干点形成。这些点限制了线的形状和长短，移动这些点的位置，则服装纸样的大小和形状发生变化。若将这些点按照对应人体体型变化的规律移动，并用特定规律的曲线连接，则可得到适合不同体型穿着的服装纸样。这个过程也就是放码过程，这些点我们称之为放缩点。

2. 基准线和基准点

如上所述，放码过程中需要对放缩点进行特定的移动。为了更加清晰准确地描述放缩点的移动过程，在纸样图中通过基准线和基准点建立了一个类直角坐标系，具体如下：在纸样图纸中分别确定一条水平基准线和一条竖直基准线，用竖直基准线来度量放缩点的高度变化，用水平基准线来衡量放缩点的水平移动。对应到服装结构中，即用竖直基准线来度量服装结构线的高度变化，用水平基准线来衡量服装结构的围度变化。基准线可任意选取，但通常会选取服装结构中较为稳定的结构线，如上衣中选取胸围线作为水平基准线，选取中线作为竖直基准线；下装中选取腰围线或者臀围线作为水平基准线，中线作为竖直基准线。

水平基准线与竖直基准线的交点即为基准点。基准点可同时度量放缩点水平和竖直方向上的位置变化。基准点可以是纸样中任意的结构点，也可以是与纸样毫不相关的点。

3. 放量

有了基准点、基准线和放缩点，并通过放码原理得到每个放缩点在水平和竖直方向上的放缩量，那么如何清晰准确地在纸样图上标注这些放缩点的位置变化？其实，只需要弄清楚以下三个问题，即可准确表达放缩点的位置变化，即：

① 哪个点？

② 往哪移？

③ 移多少？

通过直接在该放缩点上（或旁边）绘制箭头，确定放码标注的是哪个点；通过水平和竖直两个方向的箭头表示该放缩点往哪个方向移动，同一个放缩点可同时拥有水平和竖直两个方向上的移动；通过在对应方向上的箭头上标注数字，标识该放缩点在该方向移动多少。注意如下：

① 本处说明的放量并不是指服装纸样设计中为增加宽松度和款式需要而加放的松量。本处所说的放量是一个矢量（包括方向和大小），是指不同号型的服装纸样中，对应放缩点放缩的方向和大小。

② 放量与档差虽然联系密切，但却是两个不同概念。档差是指服装纸样某个结构部位放大或缩小的量。放量是指服装纸样某一结构点（放缩点）的移动量。对各个放缩点放量是为了实现各个部位的档差，放量是档差的落实者（档差通过放量来实现），档差是放量的目的。但是，放量是基于基准点和基准线而言的，设定不同的基准点、基准线，各放缩点会有不同的放量，但是服装纸样的档差是不会改变的。

4. 放量标注

放量标注是指通过在各放缩点旁边绘制箭头、标注数字，标识各放缩点的移动情况。如前文所言，放量是基于基准点和基准线的，所以在放量标注前应首先确定服装纸样放缩的基准点和基准线，并加以标注，然后确定各放缩点和放量。

二、原型纸样的放量标注

本节的前半部分介绍了放量标注的概念和方法，接下来将以原型纸样的放码为例，介绍原型放码和放量标注。

1. 衣身原型纸样的放量标注

依照上衣原型纸样放码原理和放量标注方法，分别以 A 点和 B 点为基准点进行放码，放量标注如图 3-6 所示。

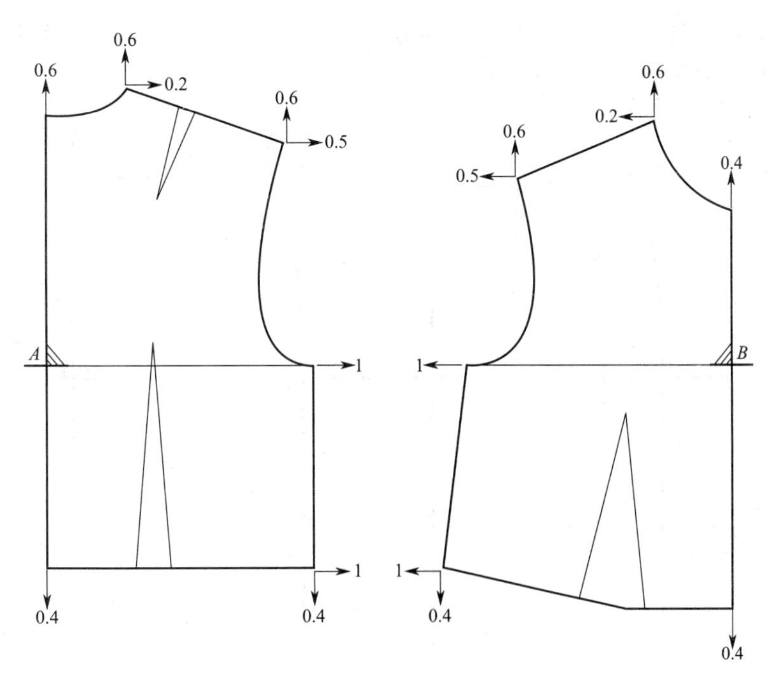

图 3-6　上衣原型放量标注

2. 袖子原型纸样的放量标注

依照袖子原型纸样放码原理和放量标注方法，以 A 点为基准点进行放码，放量标注如图 3-7 所示。

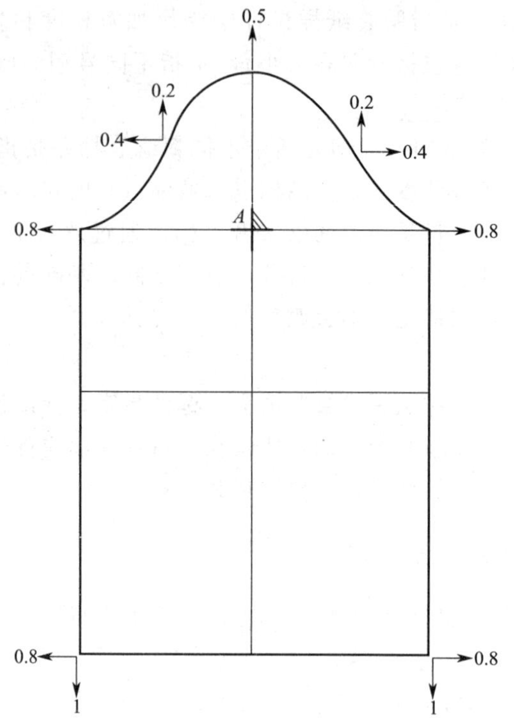

图 3-7　袖子原型放量标注

3. 裙子原型纸样的放量标注

依照裙子原型纸样放码原理和放量标注方法，分别以点 A 和点 B 为基准点，裙子后片纸样和前片纸样的放量标注如图 3-8 所示。

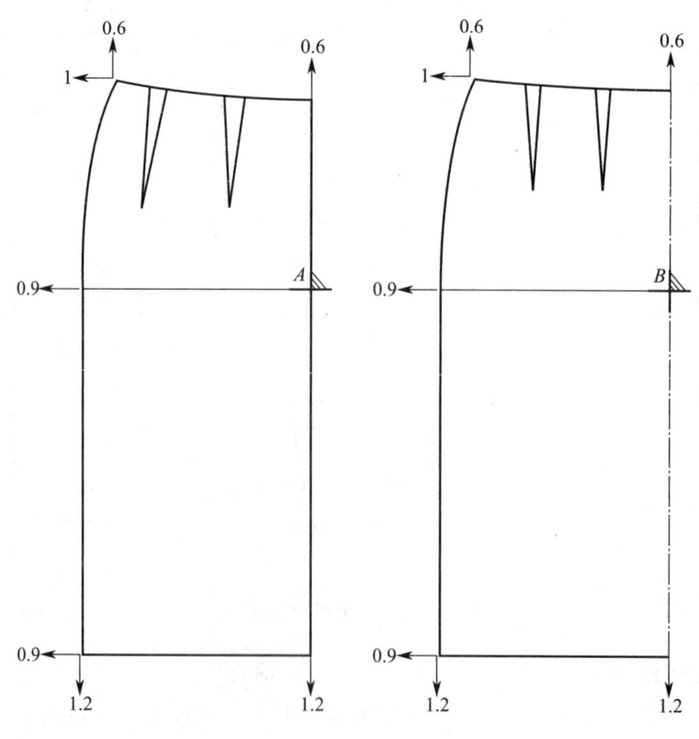

图 3-8　裙子原型放量标注

4. 裤子原型纸样的放量标注

依照裤子原型纸样放码原理和放量标注方法，分别以点 A 和点 B 为基准点，裤子前片纸样和后片纸样的放量标注如图 3-9 所示。

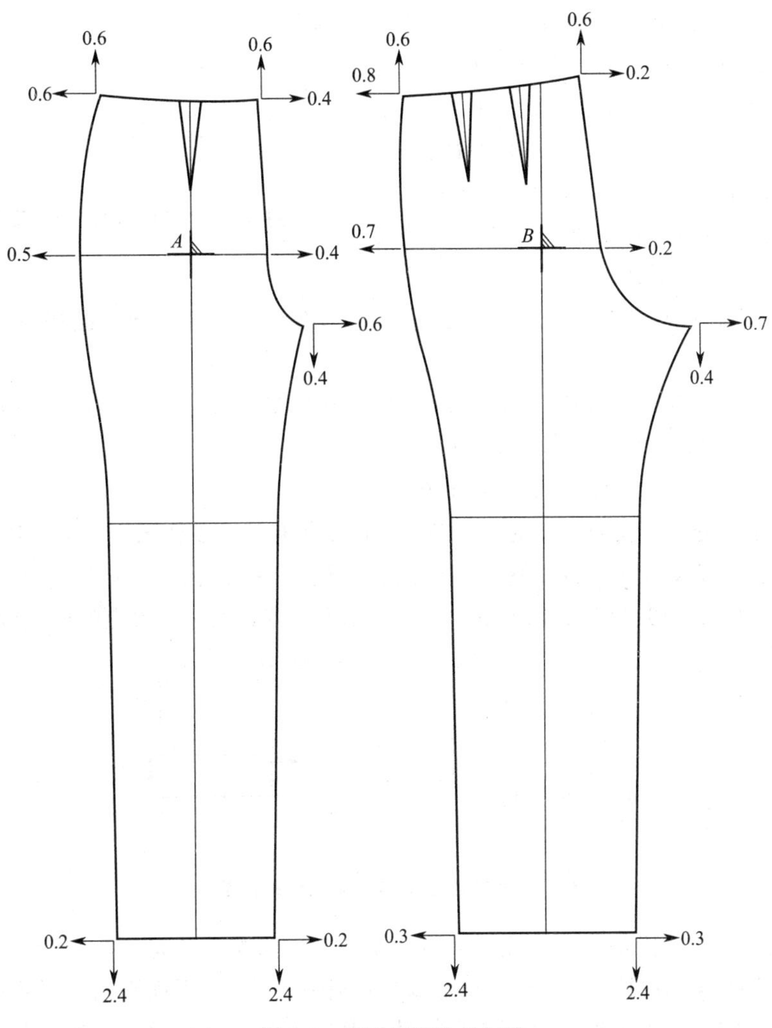

图 3-9　裤子原型放量标注

第四节　基准点的移动和放量换算

基准点和基准线的变化会导致放量的变化，而不会影响服装纸样档差。本节我们将学习基准点变化后，放量如何变化。

一、基准点的移动

1. 基准点移动与放量变化的定性分析

不同款式的服装在进行放码时，会选择不同的基准点。放量是基于基准点的位置来确定的，类似于物理中的相对运动；参照物改变，则相对运动情况也会发生改变。下面我们来举一个简单例子，如图 3-10 所示，图 3-10(a) 是一个简化后的纸样，图 3-10(b) 是其根据档差放码后的纸样。从前文可知，无论基准点和放量如何变化，纸样的档差不会变化，即无论选取哪个点作为基准点，最终放码得到的纸样都和图 3-10(b) 一致。图 3-10(c) 是以 A 点作为基准点得到的放缩图。从图 3-10(c) 可知，以 A 点作为基准点时，放码前后 A 点的位置是保持不变的。此时 A 点与 A' 点重合，B 点的放量为向右移动 2cm。图 3-10(d) 是以 C 点作为基准点的放缩，此时 C 与 C' 重合，B 点的放量为向下移动 1cm。

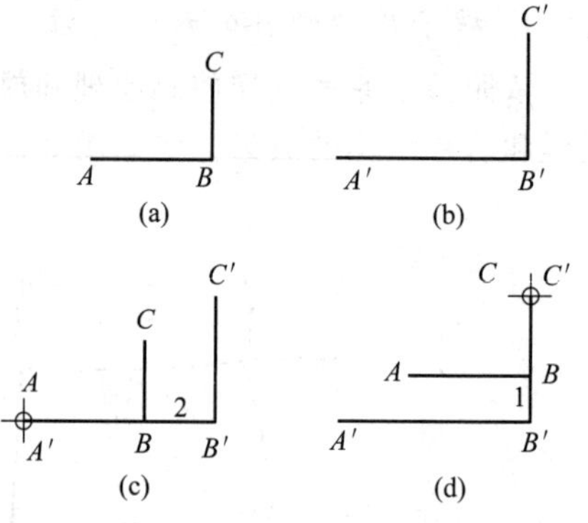

图 3-10　基准点移动和放量变化的定性分析

从图 3-10 中可以得到以下信息：

① 比较图 3-10(c) 和图 3-10(d) 可知，由于基准点的改变，同一结构点 B 的放量产生了变化。

② 图 3-10(c) 和图 3-10(d) 中的基准点移动和放量变化，并没有改变放码后得到的纸样，放码后得到的纸样依然是折线 $A'B'C'$。

2. 基准点移动和放量变化的定量分析

从上文的定性分析，我们对基准点移动和放量变化有了初步认识。但是，基准点的移动究竟如何影响放量，以及对其中的数值变化关系还需进行进一步探讨。以简化后的纸样为例，如图 3-11 所示，为了分析其数值变化关系，图中将基准点变化前后相关点的放量做了详细标注。

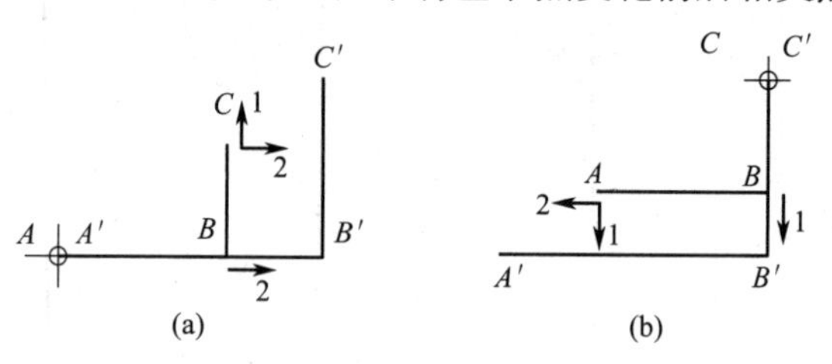

图 3-11　基准点移动和放量变化的定量分析

我们从数学角度分析基准点变化对各点放量变化的影响。这是一个数学向量问题，在此可简单理解为各点移动的距离即为其坐标。将放缩图放入一个平面直角坐标系中，则水平基准线是其横坐标轴，竖直基准线是其纵坐标轴，基准点是其坐标原点。研究基准点移动后各点的放量变化，就好比研究移动坐标原点，坐标系中原来各点的坐标变化是一样的。从数学知识可知，移动坐标原点后各点的坐标变化为：在原坐标系中，用原来各点坐标减去新坐标原点在原坐标系中的坐标。

回到纸样模型中，我们的目的是研究基准点由 A 点变为 C 点后，各点的放量变化。放在直角坐标系中，即原来的坐标原点为 A 点，新的坐标原点为 C 点，求坐标原点变为 C 点之后各点坐标的变化。则由数学知识可知，只需在原坐标系中，用各点坐标减去 C 点坐标，即可得到各点在新坐标系中的坐标。如图 3-11 所示，在原坐标系，即图 3-11(a) 中，将各点移动的距离转化为坐标后，各点的坐标为：$A(0,0)$、$B(2,0)$、$C(2,1)$。转换原则为：该点往左右移动的距离为该点的横坐标，其中向右移动为正值；该点向上下移动的距离为其纵坐标，其中向上移动为正值。基准点因为不移动，坐标为 $(0,0)$。各点坐标减去 C 点坐标后的值为：$A(-2,-1)$、$B(0,-1)$、$C(0,0)$。因刚才约定坐标点往右移动为正值，即横坐标为正值表示该点向右移动，横坐标为负值代表该点向左移动；同理，坐标点向上移动为正值，则纵坐标为正值代表该点向上移动，纵坐标为负值代表该点向下移动。

新的坐标值 $A(-2,-1)$、$B(0,-1)$、$C(0,0)$ 代表：基准点移动到 C 点后，A 点的放量变为向左移动 2，向下移动 1；B 点的放量变为向下移动 1；C 点为基准点，不移动。与图 3-11(b) 中的标注相符合。

以服装纸样结构为例再次验证该理论，如图 3-12 所示，图 3-12(a) 是基准点为 O 点时，各点的放量变化；图 3-12(b) 是基准点为 B 点时各点的放量变化。从上文理论可知，在图 3-12(a) 中，各点坐标为 $A(-5,6)$、$B(-2,6)$、$C(0,4)$，因基准点变化为 B 点，则用各点坐标减去 B 点坐标可得：$A(-3,0)$、$B(0,0)$、$C(2,-2)$，即基准点变化为 B 点后：A 点的放量为向左移动 3cm；B 点为基准点；C 点的放量为向右移动 2cm，向下移动 2cm。这与图 3-12(b) 中基准点移动后各点的放量变化相符。

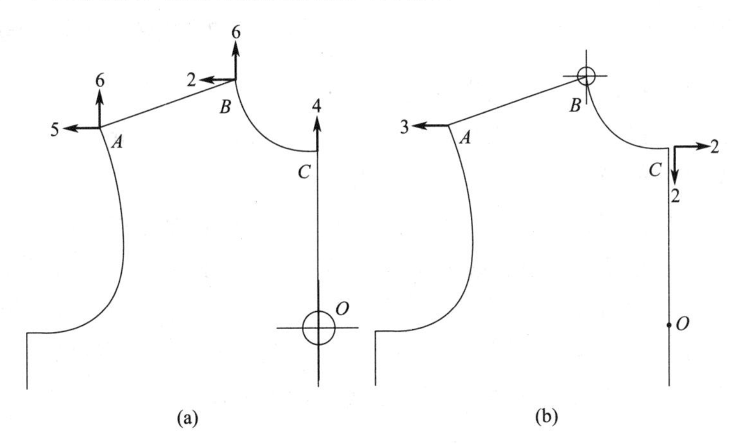

图 3-12 服装纸样中的放量变化研究

二、原型纸样的放量变化

1. 放量变化分析

以上从数学角度分析了基准点变化对各点放量产生的影响，那么如果从服装纸样结构角度分析，即可看出放量变化是如何产生的。

上文通过数学方法找出放量变化的换算方法，是放码过程中，基准点位置移动与放量变化之间存在的数学规律。但是，从服装纸样原理的角度来说，放量确定的唯一依据是人体自身的结构规律。人体各部位的尺寸变化并不是等比例的，其只遵循人体自身的变化规律。如图 3-13 所示，按照人体的体型变化规律，虽然肩宽线比背宽线长，但是肩宽的档差变化却要比背宽小。所以，如果将围度基准线设定在背宽线上，肩点的放量就不是向左移动 1mm，而是向右移动。

因为从服装纸样结构原理来看，肩点至中线的距离（即肩宽）的档差为 5mm，符合点（即图中基准点）至中线的距离（即背宽）为 6mm。故当以符合点为基准点时，为了放出肩宽的档差 5mm，肩点必须向右移动 1mm。而在图 3-12 中，图 3-12(a) 以中线为围度基准线时，为了放出肩宽的档差，肩点必须向左移动 5mm。

在图 3-12、图 3-13 中，因围度基准线的不同而导致肩点放量方向相反，从中可以看出人体结构规律和服装纸样原理是如何影响放量变化的。

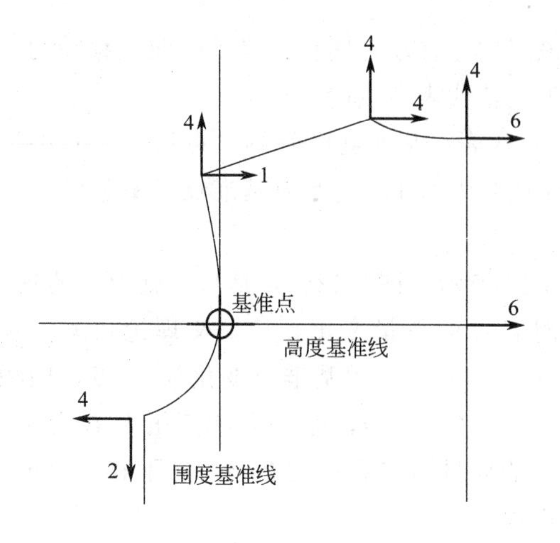

图 3-13　放量分析

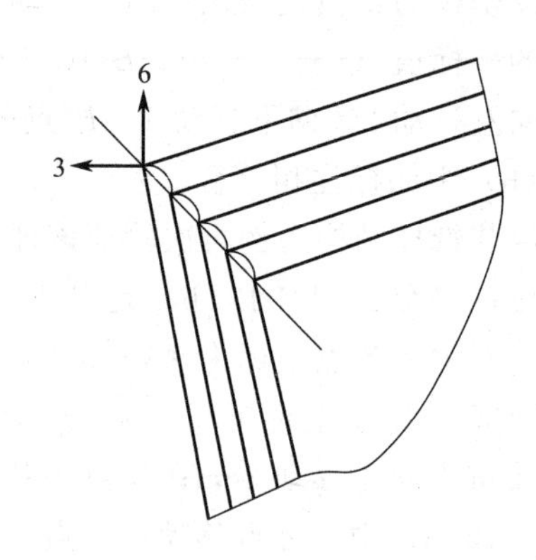

图 3-14　服装纸样放码网状图等分绘制方法

2. 服装纸样放码网状图和绘图方法

按照放码原理，将纸样上各点按照各自的放量确定新的位置，并使用与母板轮廓相似的曲线依次连接得到的网状图，称为服装纸样放码网状图。

在绘制服装纸样放码网状图时，首先确定最大号型纸样各放缩点的位置，并用直线将其与母板上对应的放缩点连接；然后，按照最大号型与母板之间相差的号型数量等分连接线，连接线上的等分点即为中间各号型纸样对应放缩点的位置。最后使用与母板轮廓相似的曲线依次连接各放缩点即可得到各号型服装的纸样图，也即得到服装纸样放码网状图。服装纸样放码网状图等分绘制方法如图 3-14 所示，绘制实例如图 3-15 所示。

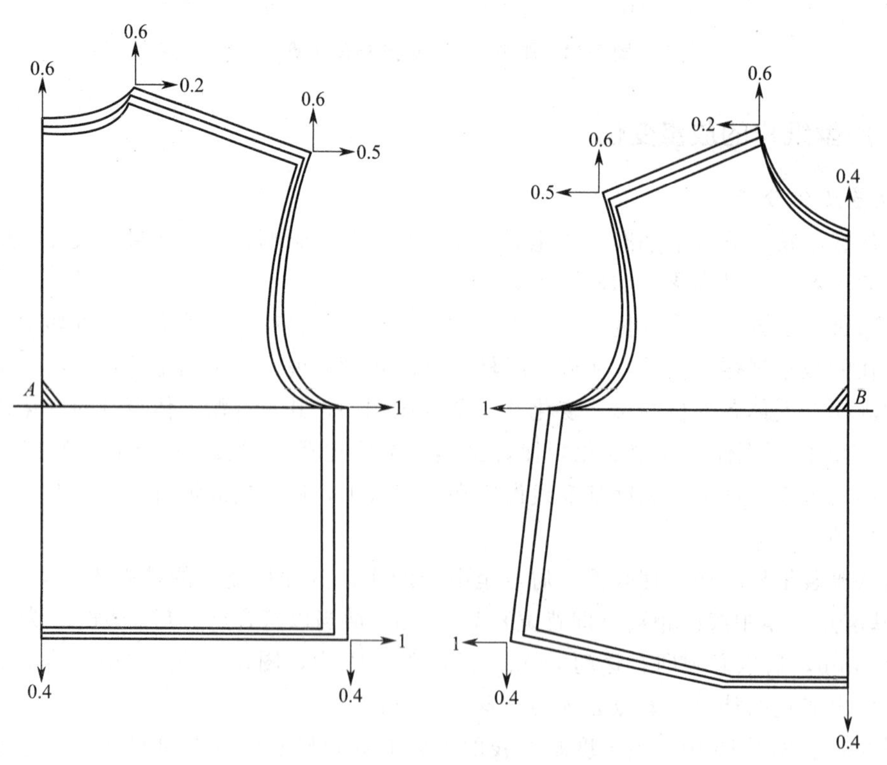

图 3-15　服装纸样放码网状图绘制实例

第四章　部件放缩

前文介绍了服装主体纸样的放码原理，然而对于一件完整的服装还包括一些其他服装部件，这些部件及其变款的放码原理将在本章进行介绍。

第一节　袖子放缩

一、袖子的结构特征及其变款档差分配原则

1. 原型袖的结构特征及其变化规律

服装袖片在纸样结构上处于臂、肩、胸三者交汇的位置，故其原型纸样结构是由三者的基本结构和人体手臂的活动规律决定的。其主要特征可总结为：袖窿宽与袖窿深的比例关系为0.5～0.6，袖山高与袖根肥的比例关系为0.7～0.8。从衣身结构上的臂、肩、胸部位结合袖子原型纸样结构来看，若袖窿宽较窄，则衣身纸样中胸围、肩宽需适量增加以弥补袖窿宽部位损失的围度尺寸，袖山高降低以使袖山与袖窿贴合，袖窿深、袖根肥增加以弥补袖根部位的围度损失，袖子款式呈宽松状；反之，袖子则较合体。我们将袖子原型纸样款式称为合体袖。合体袖纸样及其变化部位名称如图4-1所示。

2. 变款袖型的档差分配

(1) 相似变化　如果在改变袖子纸样结构时，并没有改变袖窿宽与袖窿深、袖山高和袖根肥的比例关系，我们认为这时袖子的款式结构并没有发生变化，变化的只是袖子纸样的大小。这种变化只是将原先用来设计较贴身衣物的纸样，变为设计外套服装的纸样，如由设计合体西服的袖子纸样，变为设计外套大衣的袖子纸样。

当袖子款式结构发生相似变化时，它们的袖窿曲线和袖山曲线形状相似，只是大小不同，故档差分配原则也未发生变化。

(2) 变形变化　如果在改变袖子纸样结构时，改变了袖窿宽与袖窿深、袖山高与袖根肥的比例关系，袖窿宽变窄、袖窿深增加、袖山变低、袖根肥增加，我们认为这时袖子的款式发生了变形，称为变形变化。袖子款式结构由合体变得宽松。随着袖子结构变得越来越宽

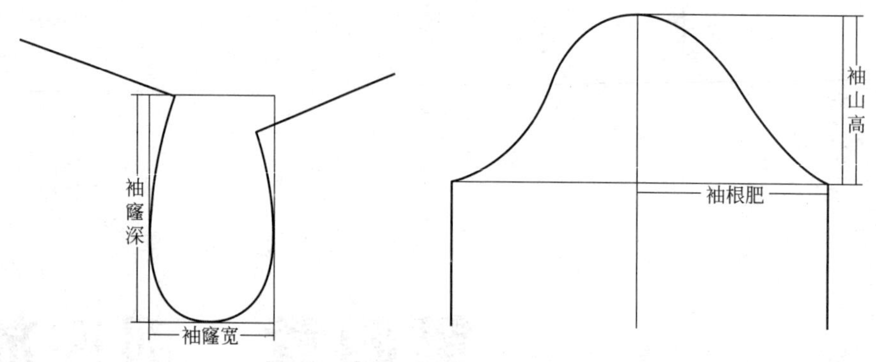

图 4-1　合体袖纸样及其变化部位名称

松，袖片结构上一些在合体时才有的、贴合人体体型变化的细小结构随之消失，一些结构点变得模糊，在放缩时可以忽略不计。宽松袖通常用于宽松式的衬衫、夹克衫和针织服装等。宽松袖结构变化特征如图 4-2 所示，袖窿和袖山变化分别由图中虚线结构逐渐转变为图中实线结构。

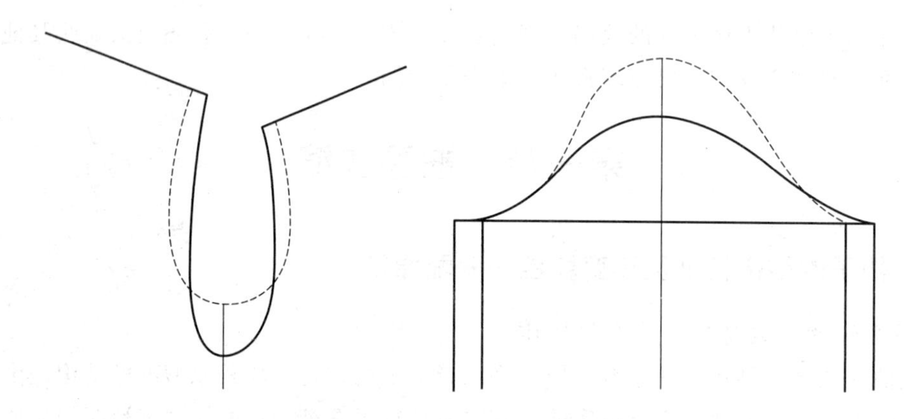
图 4-2　袖窿和袖山曲线结构变化

当袖窿宽逐渐变窄，还未接近零时，一般不调整袖窿宽的档差，此时袖山高对应变低，袖根肥增大。袖窿深的档差为 6～8mm，袖山高的档差为 3～4mm，袖根肥的档差为 8～10mm。当袖窿宽度接近为零时，袖窿宽的档差应调整到肩宽、胸宽和背宽中，以使胸部附近总的围度保持不变。此时袖山高也应接近为零，袖窿深量增大至 8～10mm，袖根肥与袖窿深基本相等，档差也与袖窿深一致。

当袖窿深逐渐加深时，衣身结构中肩点提高，袖窿深点下降，侧缝长度减小。当袖窿深增加幅度不大时，一般不调整袖窿深、袖窿宽的档差。当袖窿深点下降较大时，按比例调整袖窿深档差。一般而言，袖窿宽变为零时，袖窿深点到达最低点，袖窿深变化最大。

二、袖子变款放码实例

1. 一片袖放码

一片袖与袖子原型纸样基本相同，只在袖口稍做收口，只需将袖口的档差由 16mm 改为 10mm 即可，其放量标注如图 4-3 所示。

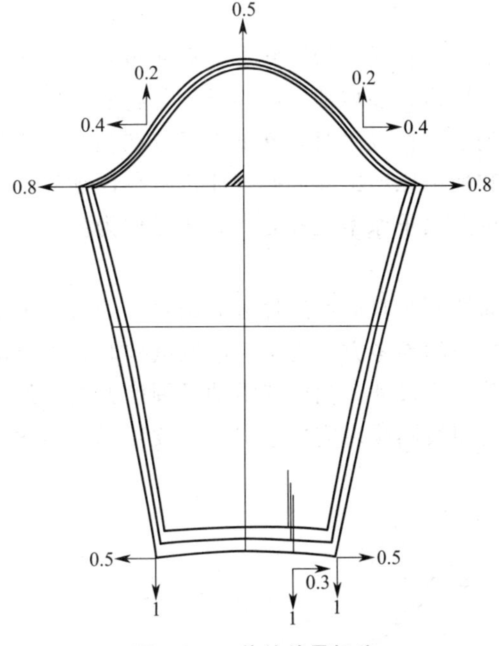

图 4-3　一片袖放量标注

2. 两片袖放码

两片袖的款式特点是成衣袖子自然前曲，更加符合人体手臂自然下垂的状态，使得袖子与人体更加贴合美观。其结构原理是将一片袖两侧各移除一部分，再将移除部分组合成另一个袖片。放码原则与原型袖片相似，实际放量根据比例关系确定。在前袖缝与袖山曲线的交点处，忽略高度上的档差，只进行围度放缩。袖根肥处两侧档差之和为 16mm，下行至袖口处时逐渐收至 10mm，这是为了符合人体手臂自然前曲的规律进行的。当服装号型加大时，应适当增加后袖片的曲度。两片袖放量标注如图 4-4 所示。

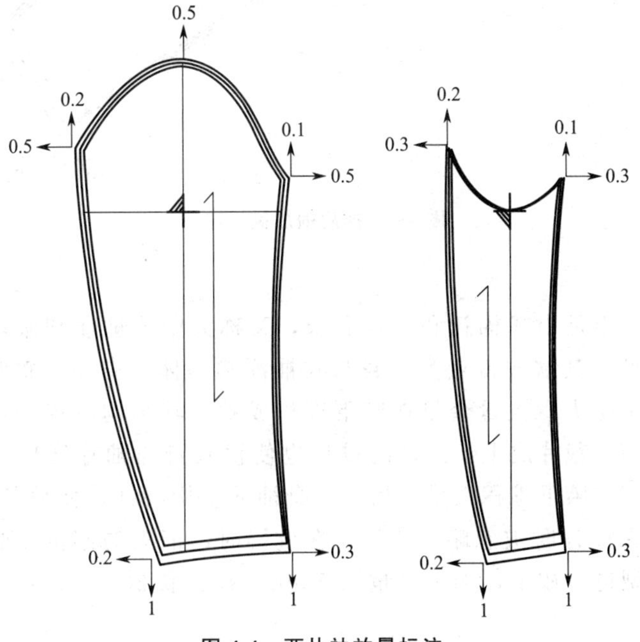

图 4-4　两片袖放量标注

3. 插肩袖放码

插肩袖的款式特点是袖山一直插到领围线上，肩部被袖片覆盖，形成流畅圆润的肩部廓形，是一种宽松洒脱的款式风格。插肩袖的结构原理是将衣身的部分结构分割到袖片上，使得衣身和袖片形成新的分割线。在放码时，基准点可选在袖子和衣身的符合点上；放码总的原则是按照衣身原型纸样和袖子原型纸样放码规律进行，即插肩部分的点按照衣身原型纸样进行放缩，袖子部分的点按照袖子原型纸样处理。肩点作为公共点，可按衣身点处理，也可按袖片点处理。

放量时，各放缩点方向按照各自原型纸样方向确定，即衣身上的放缩点以衣身参考方向为准，袖片上的放缩点以袖子的参考方向为准。绘制纸样时，因肩部的圆润造型，肩点已无法确定；可将肩线向上平移相应尺寸，袖中线沿袖子围度方向向外平移相应尺寸，再以母板曲线线形为基础将放码后的曲线圆顺，完成放码，其放量标注如图 4-5 所示。

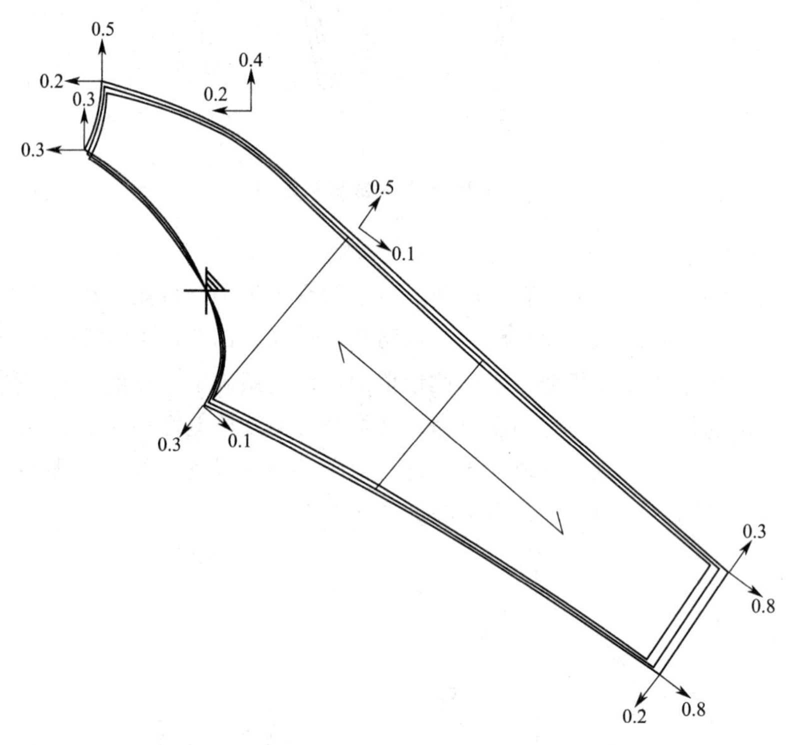

图 4-5　插肩袖放量标注

4. 连身袖放码

连身袖的典型应用是中式棉袄和日本和服，又称为中式袖或和服袖，它是具有东方韵味的一种传统袖型。其款式特点为衣身与衣袖浑然一体，肩部平整圆顺，给人以柔美感。但腋下往往过于肥大，大量余量在腋下堆积成褶。其结构原理是将衣身与袖片连成一体，设计绘制于同一裁片之上。这样的设计也使得衣身与袖片结构上很多细节设计无法体现，从而造成其在腋下堆积大量衣褶。连身袖的结构特征，使得其袖山和袖窿消失，很多细节结构部位在设计时被忽略。所以，在放码时，消失的部位不必考虑，衣身结构上的点按照上衣原型进行放量，袖口放量取 5mm，衣长取 20mm 即可。连身袖放量标注如图 4-6 所示。

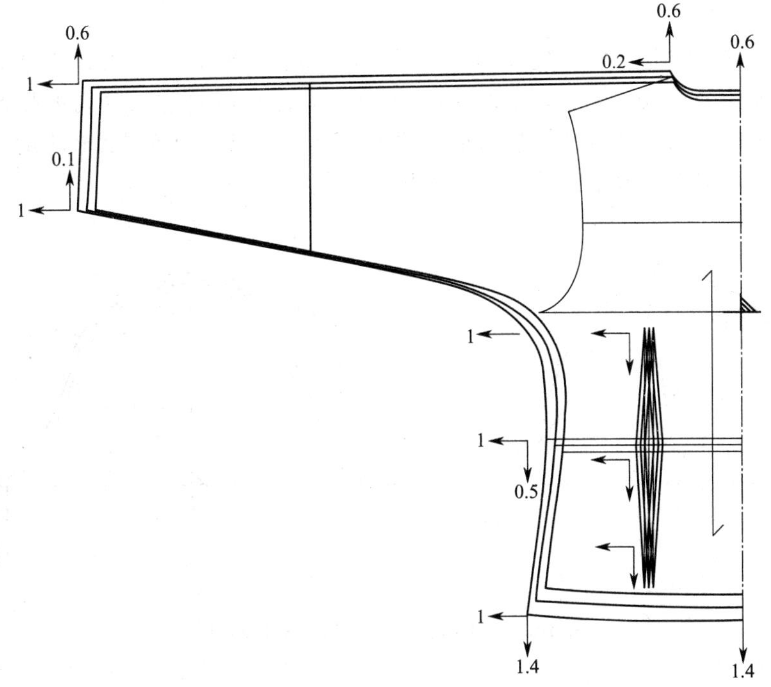

图 4-6　连身袖放量标注

5. 肩袖放码

肩袖的款式特点是衣身在肩线处直接向外延伸，形成袖子，衣身与袖子浑然一体，给人以简洁清爽的感觉。肩袖的结构原理是将袖山结构直接转移到衣身的袖窿上，使袖片结构直接附着于衣身结构上。袖山结构的转移是通过将肩线外延完成的，一般外延至胸围当量或略大于胸围。放缩时，外延后肩点的档差也与胸围的档差一致。若外延的当量超过胸围较多时，则应适当增加肩点的档差。注意外延量对整体款式的影响，以及袖型与侧缝的协调过渡。肩袖放量标注如图 4-7 所示。

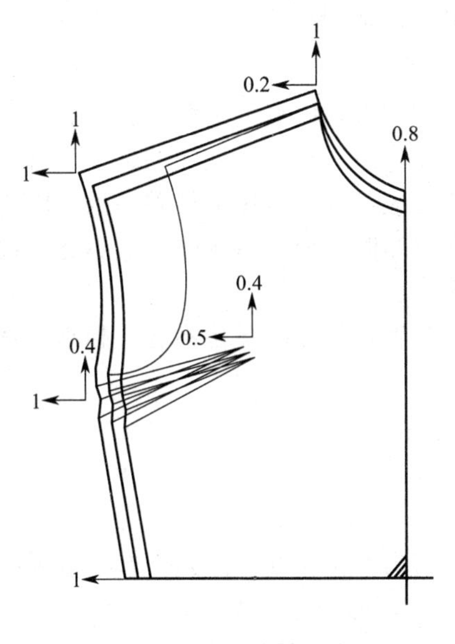

图 4-7　肩袖放量标注

6. 泡泡袖放码

泡泡袖的款式特点是在袖山处抽碎褶，形成蓬起的“泡泡”，给人以优雅柔美之感。其结构原理是在袖山处加入切展量，如图 4-8(a) 所示，缝合时将加入的切展量抽成碎褶，形成泡泡袖。放码时，袖山各点的放量与袖子原型纸样放量相同，切展量较大时，可适当按比例增加袖山放量。泡泡袖放量标注如图 4-8(b) 所示。

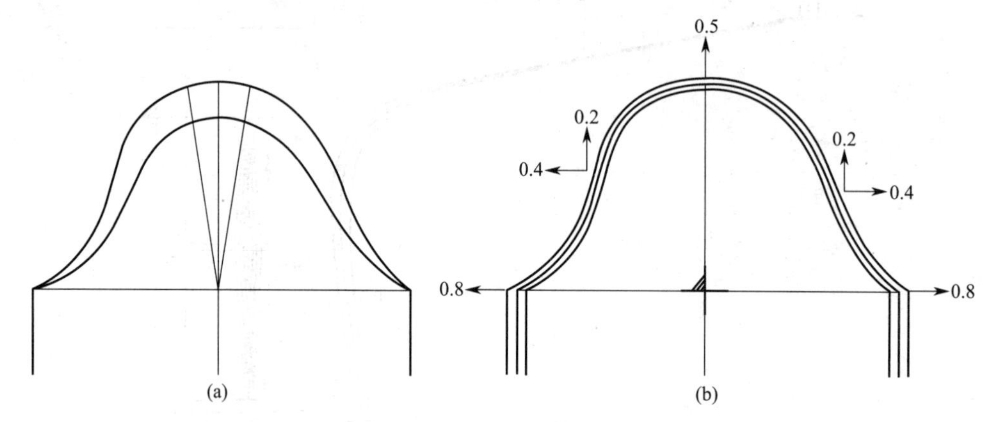

图 4-8 泡泡袖加入切展量和放量标注

第二节 领子放缩

一、领子结构特征及其变款档差分配原则

1. 领子结构特征

领子是服装中的重要结构部位，具有丰富的结构变化。其款式设计主要从底领（领座）、翻领（领面）和驳头三处着手，故在研究其结构特征时也应以此为侧重点。领子连贯服装前后衣片，缝合于前后衣片的领围处，其结构一般包括底领、翻领和驳头。其中，底领和驳头根据款式需要添加，翻领和驳头的造型也根据各自款式设计。

2. 档差分配原则

放缩时，对于有底领的领型而言，因底领最终需要与衣身裁片上的领围相缝合，故底领长度的档差应与衣身领围的档差一致。对于无底领的领型而言，为了保证衣身领围处缝合服帖，领子缝合部位长度的档差也应与衣身领围的档差一致。因翻领最终与底领缝合，其档差也与底领和领口一致。驳头在放缩时，应保持领嘴比例不变，按照定寸处理驳头放缩，应注意各部件的放缩基准和放缩方向。

一般而言，底领和翻领的宽度在放缩时保持不变，翻领较宽时可按其与肩宽比例稍做调整，一般为 1～2mm。

二、领子变款放码实例

1. 无领放码

无领是最基础的领型，其结构不含底领和翻领，直接由领口线采形构成领型，由领口线的变化得到各种款式，如圆领、V 形领、一字领等。放缩时，根据具体领型，应用位置比例关系确定档差。无领放量标注如图 4-9 所示。

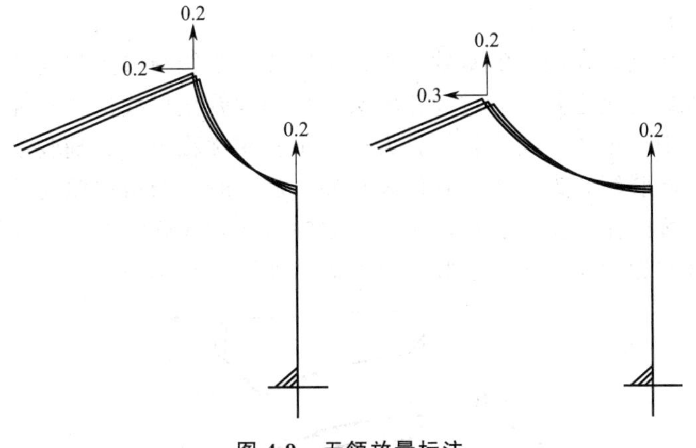

图 4-9　无领放量标注

2. 平领放码

平领结构和不加底领的翻领相似，其区别在于领面的大小和造型，平领领面大，平摊在肩上。平领款式特点是没有领座，领面从领围线直接翻下并平摊在肩部和胸前的一种领型。平领的款式变化丰富，领角形状可以根据款式设计成圆形、方形或尖角；领边可以根据需要加入装饰，如蕾丝、金属坠饰或褶皱造型等。平领的结构原理是将衣身基本纸样的前后片在侧颈点对齐，前后肩线搭接少许，根据款式造型在领部和肩部勾画出领子外形轮廓线。放缩时，基准点取在衣身前后结合部位的侧颈点上，放缩方向以前后片的放缩方向为准。放缩公共点时，综合考虑前后片放缩方向进行适当调整。利用定寸关系和比例关系，对各点具体放量进行控制。平领放量标注如图 4-10 所示。

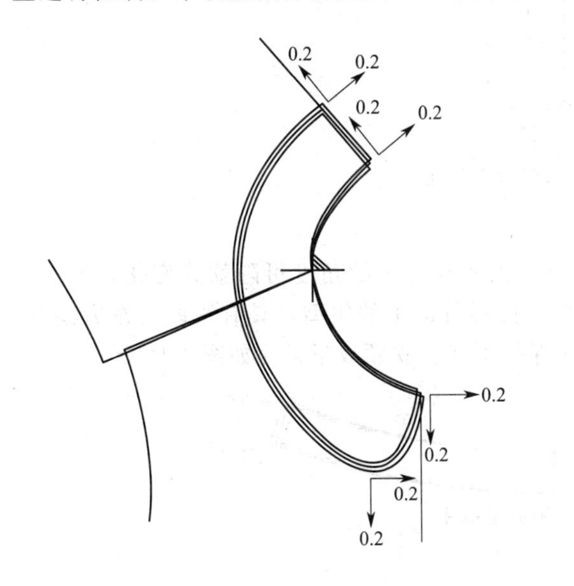

图 4-10　平领放量标注

图 4-11　翻领放量标注

3. 翻领放码

翻领的款式特点是领面向外翻开，分为加底领类和不加底领类。通过变化领口宽、领口开深和领面外形轮廓可以变化出各种不同造型的翻领。放缩时，翻领长度应根据上衣领围档差确定，翻领宽度一般不做变化。翻领较宽时，可酌情调整，一般为 1～2mm。翻领放量标注如图 4-11 所示。

4. 翻驳领放码

翻驳领的款式特点是在翻领的基础上加入了驳头，翻领与驳头相连，并于翻折线处同时翻折。翻驳领的款式变化主要是通过改变驳头造型和驳领止口线位置实现。驳领较宽则款式偏休闲，驳领较窄则较正式，大驳领粗犷大气，小驳领优雅秀气。翻驳领结构复杂，工艺难度较大，平驳领、戗驳领和青果领是其代表领型。放缩时，领口按照无领放缩，驳头处按照定寸处理，领嘴处按照比例关系放量，领面根据领口和款式确定放量。放缩过程中应注意领面有独立的放缩基准和放缩方向。翻驳领放量标注如图 4-12 所示。

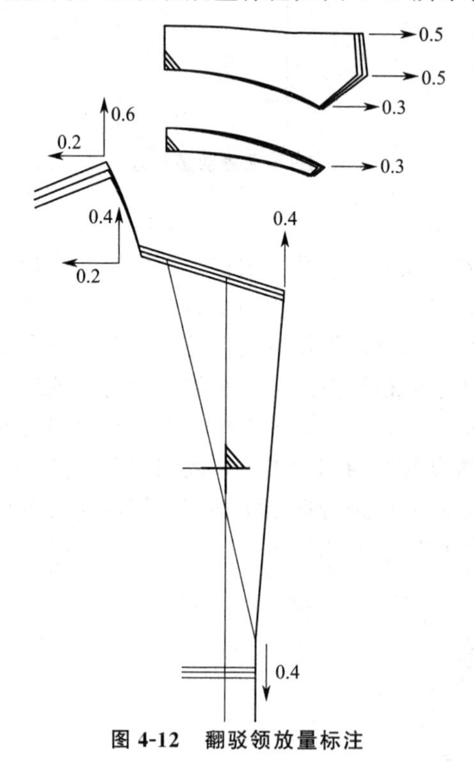

图 4-12　翻驳领放量标注

5. 立领放码

立领的款式特点是将里面竖立在领围线上，领面与脖子的角度可随款式变化，形成挺拔、干练的风格。立领是中国传统服饰中旗袍和长衫所运用的领型，具有浓厚的东方韵味。放缩时，领面长度与领围档差一致，领面宽度保持不变。立领放量标注如图 4-13 所示。

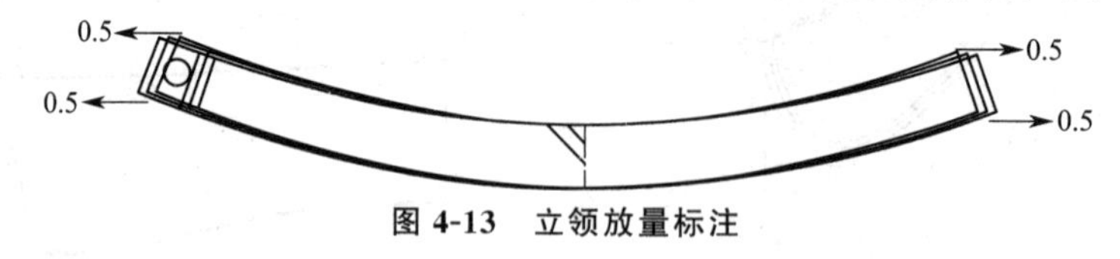

图 4-13　立领放量标注

6. 衬衫领放码

衬衫领又称为企领，包括底领和上领两个部分，是日常生活中的常见领型，给人以利落、职业的感觉。衬衫领通过改变领角的形状和大小进行变款，可形成各种不同风格的领型。放缩时，上领和底领的长度与领围档差一致，上领和底领的领面宽度保持不变。衬衫领放量标注如图 4-14 所示。

7. 风帽放缩

风帽又称为连身帽，其特点是既可作为功能性罩帽，将人体头部包裹，又可作为装饰悬

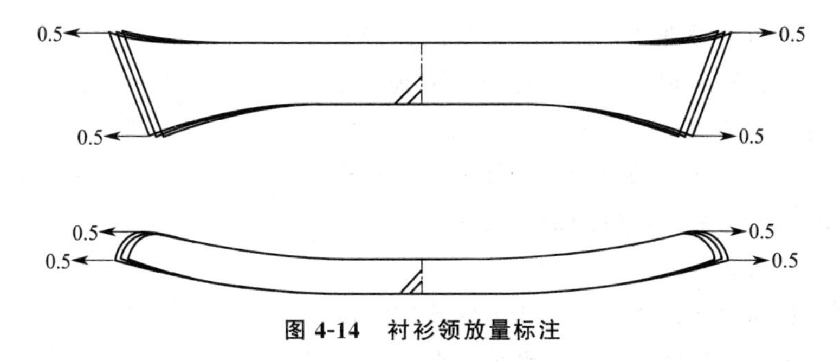

图 4-14　衬衫领放量标注

垂于颈后，给人以运动休闲之感。风帽的结构比一般帽子更加复杂，帽型变化丰富，设计时主要考虑人体头部的结构特征和人体头颈的运动形态。放缩时，风帽高度的档差取人体第七颈椎点至头顶距离的档差，约为 10mm；风帽底口档差与衣身领口档差一致；风帽的中片宽度在放缩时保持不变，长度档差为风帽底口宽度和风帽高度档差（10mm）之和，约为 15mm；省道放缩依照比例关系放量即可。风帽放量标注如图 4-15 所示。

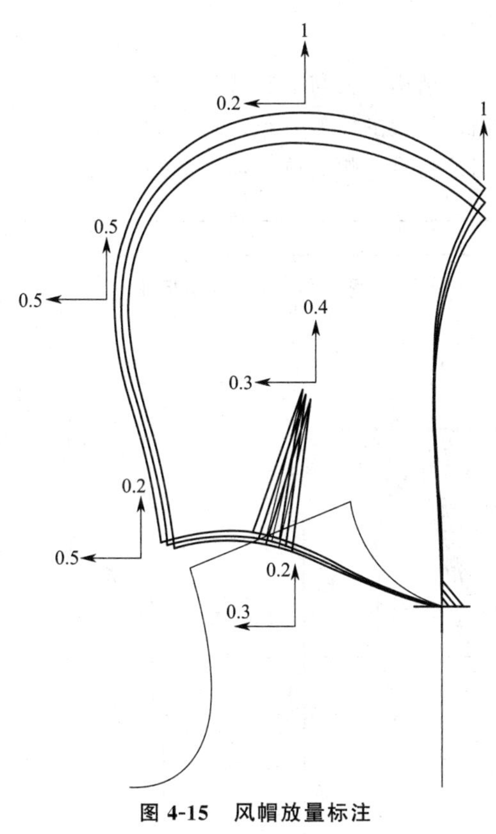

图 4-15　风帽放量标注

第三节　腰部放缩

一、腰部结构特征及其变款档差分配原则

1. 腰部结构特征

腰部是人体的特征部位之一，是人体优美曲线的重要组成部分，也是服装款式设计中需

要特别关注的一个点。腰部是人体上、下身的连接部分，是标准体型中围度最细的部位。对于合体服装而言，在腰部附近必须收省。为了迎合人们的审美需求，服装设计中经常将服装中的腰部结构提到人体腰围线以上或者降到腰围线以下。从服装结构原理的角度来看，高腰结构可以理解为基本纸样中的衣身将腰部的部分结构转移给下装；低腰结构可以理解为将基本纸样下装中的部分腰部结构按照需要去除。

2. 变款档差分配原则

腰部结构的总体放码原则为：位于人体腰围线以上部分按照上衣原型纸样的档差分配原则进行放缩，位于人体腰围线以下的部分依照下装纸样原型的档差分配原则进行放缩；如果服装腰部结构偏离人体腰围线不明显，则可酌情定寸处理。因高腰结构明显时，高腰下装实际上包含了上装借给下装的腰部结构和原本下装结构两个部分，故其在选择基准点时应选择上衣结构和下装结构的公共部分，即将基准点定在腰围线上。

二、腰部变款放码实例

1. 腰头放码

腰头是裤子和裙子的常规结构，其与下装裁片于腰围线处缝合。放缩时，因腰头与下装在腰围线处缝合，其长度档差与腰围档差一致；腰头的宽度一般取定寸，故其档差为零；腰头两端的搭门也为定寸，档差为零。腰头放量标注如图 4-16 所示。

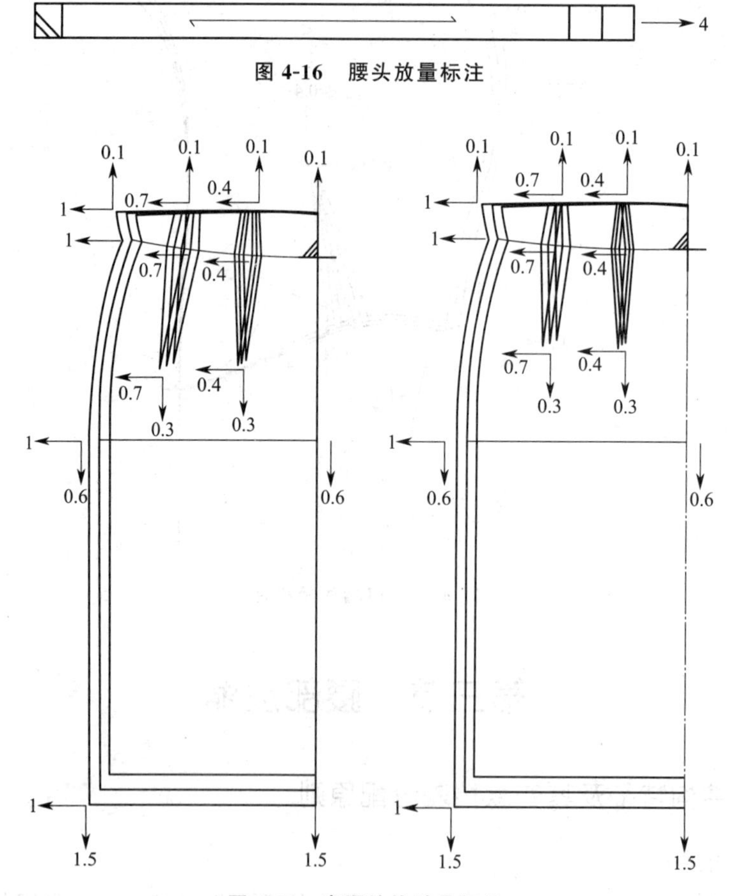

图 4-16　腰头放量标注

图 4-17　高腰结构放量标注

2. 高腰放码

高腰结构一般指将下装腰线提到人体腰围线 3cm 以上的一种服装结构设计手法。其常见于女装结构设计，用于展现女性修长的下肢，增添女性婀娜多姿、亭亭玉立之美。其纸样结构原理可理解为：将衣身原型纸样中部分胸腰结构转接到下装。放缩时，位于人体实际腰围线以上的部分，按照上衣原型纸样中相关点的放码原理进行放缩；位于实际腰围线以下的部分，按照下装原型纸样中相关点的放码原理进行放缩。高腰结构不明显时，位于实际腰围线以上的结构可以按照定寸进行处理；高腰结构较高时，参照腰线位置，按照比例关系进行放缩。放码的基准点取在腰围线上。高腰结构放量标注如图 4-17 所示。

3. 低腰放码

低腰结构一般指将下装腰线降到人体腰围线 3cm 以上的一种服装结构设计手法，被大量运用于男装和女装结构设计，用于展现人体优美的腰线。其纸样结构原理为：根据款式需求，在下装纸样结构中绘制新的腰线，绘制时应考虑低腰装的服用性能，放低前裆、适当加长后裆。放缩时，腰线下降较少时，可采用定寸处理；腰线下降较多时，按照比例关系进行放缩。低腰结构放量标注如图 4-18 所示。

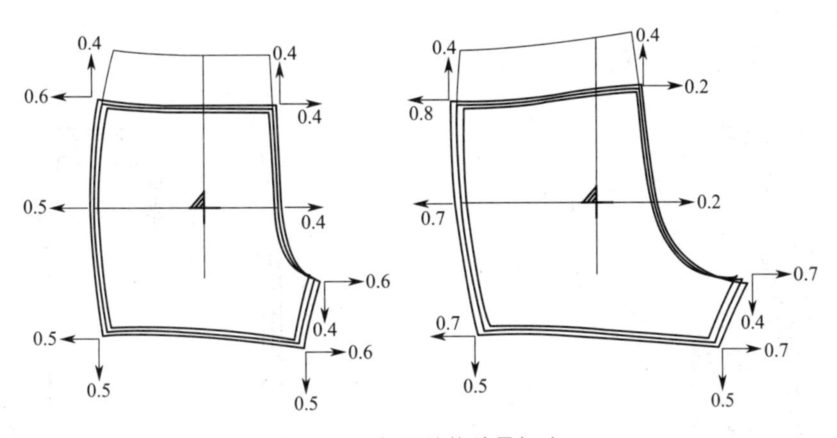

图 4-18　低腰结构放量标注

第四节　衣袋和扣位放缩

一、衣袋和扣位的结构特征及其档差分配原则

1. 衣袋和扣位的结构特征

衣袋是缝在服装上用以插放物品的袋形部分，具有实用性和装饰性。从服装结构原理来看，衣袋位置、衣袋深度、袋口宽度、袋口倾角等因素直接影响了衣袋使用的舒适性。衣袋的位置、大小和结构也与服装整体造型息息相关。从人体工效学的角度来看，腰袋口的横向位置应位于中指尖端的极限横向前伸位置。从前中线开始到侧缝线之间的范围，纵向位置应位于腰节线往下 10cm 处，袋口宽度一般为 1/2 掌围加 4～5cm，袋深一般为手长加 1～2cm。

扣位是为服装安装纽扣和穿打扣眼设计预留的位置，其位置分布对服装的服用性能和整体造型有着密切关系。扣位通常位于服装纸样中的结构点或结构线位置，这些位置的扣位能更好地发挥扣子的力学性能，使得服装门襟更加服帖。

2. 档差分配原则

衣袋在放码过程中需要考虑衣袋大小的放缩和位置变化。衣袋大小的放缩应综合考虑其功能性和装饰性。从功能性来看，人体掌围的档差为 5mm，则掌宽档差可取 2.5mm，衣袋袋口宽度的档差可取 3～5mm，衣袋深度档差可取 5mm；从款式效果来看，衣袋大小可依据服装整体比例进行调整，确定档差。实际放码时，可对衣袋放缩进行简化，每隔两个号型放缩一次。衣袋位置可按照纸样设计时的定位依据进行放缩，也可根据人体功效、款式效果要求进行适当调整。

扣位放缩时应先确定位于结构点、结构线上的参照扣位和两端扣位，然后分布和调整其他扣位。

二、衣袋和扣位放码实例

1. 衣袋放码

根据衣袋档差分配原则，衣袋宽度档差取 4mm，衣袋深度档差取 5mm。衣袋位置应根据相关结构点、结构线的位置关系确定。衣袋放量标注如图 4-19 所示。

2. 扣位放码

根据扣位放码原则，扣位放量标注如图 4-20 所示。

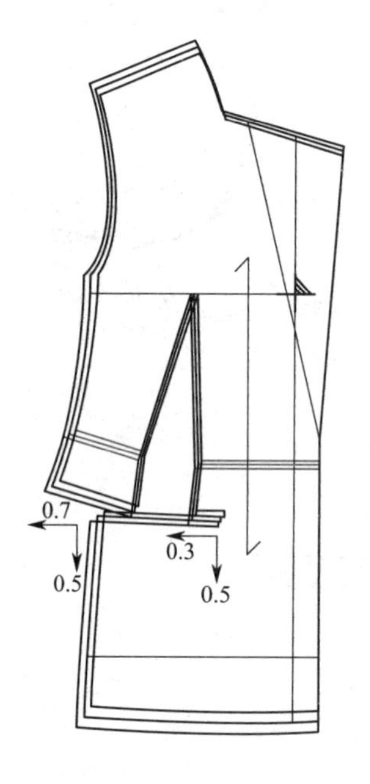

图 4-19　衣袋放量标注

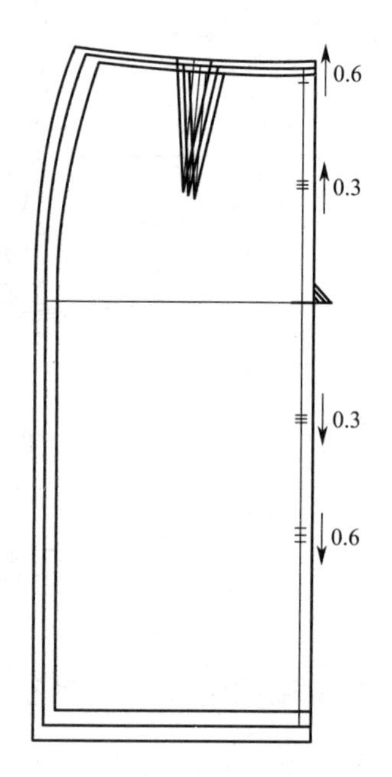

图 4-20　扣位放量标注

第五章　服装纸样分款式放缩

第一节　衬衫放码

一、衬衫款式

款式特点：普通衬衫款式，分体企领，前开，五粒扣，一片袖。

衬衫款式如图 5-1 所示。

图 5-1　衬衫款式

二、衬衫规格

衬衫规格见表 5-1。

表 5-1　衬衫规格表　　单位：cm

部位	衣长	胸围	前胸宽	后背宽	腰围	摆围	肩宽	袖长	袖口	袖肥	领围
尺寸	60	92	17.1	18.1	75	93	39	57	20	38	40
档差	2	4	1	1	4	4	1	1.5	1	1.6	1

注：短袖袖口的档差多于长袖袖口，为 1.5cm。

三、衬衫放码说明与放量标注

1. 前片

衬衫前片放码说明如表 5-2 所示，衬衫前片放量标注如图 5-2 所示，放码说明表中放码点代号与放量标注图中相对应。

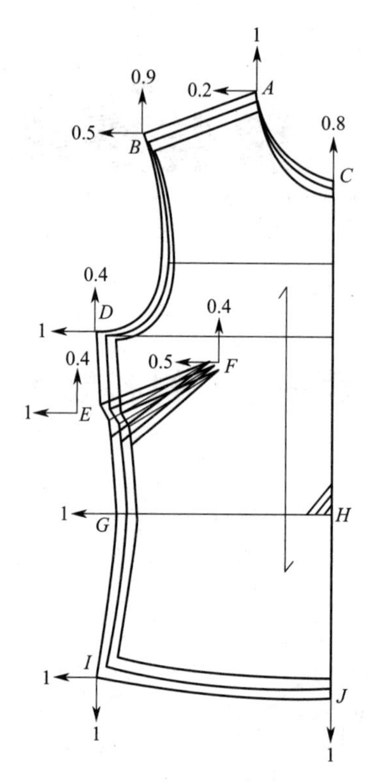

图 5-2 衬衫前片放量标注

表 5-2 衬衫前片放码说明

裁片	放码点	点的名称	放码依据和说明
前片	A	前横开领点	横向放缩 0.2cm，取领围档差的 1/5；纵向放缩 1cm，取背长档差 1cm
	B	肩端点	横向放缩 0.5cm，取肩宽档差的一半；纵向放缩 0.9cm，伴随着人体肩部增宽，人体的肩斜也会相应增加，为此设定 0.1cm 的肩斜增量，故与 A 点相比其纵向放缩量减少 0.1cm，即为 0.9cm
	C	前中领点	横向放缩量为 0，因其与基准点处于同一水平坐标；纵向放缩 0.8cm，取背长档差与领深档差之差，即 1cm－0.2cm＝0.8cm
	D	侧缝胸点	横向放缩 1cm，取胸围档差的 1/4；纵向放缩 0.4cm，取背长档差的一半左右，同时正好满足了袖窿弧线的长度档差为 1cm
	E	胸省点	放缩量与侧缝胸点相同
	F	胸省尖点	横向放缩 0.5cm，取侧缝胸点横向放量的一半，因为其在水平坐标上大致位于放码基准点和侧缝胸点的中间位置，根据比例关系，其水平放量应为侧缝胸点水平放量的一半；纵向放缩 0.4cm，因其在纵向坐标中与侧缝胸点位置相当，根据比例关系，其放量应一致
	G	侧缝腰点	横向放缩 1cm，取腰围档差的 1/4；纵向不变，因其与放码基准点处于同一纵向坐标
	H	前中腰点	保持不变，因其为前片的放码基准点，故不必进行缩放

续表

裁片	放码点	点的名称	放码依据和说明
前片	I	侧缝摆点	横向放缩 1cm，取摆围档差的 1/4；纵向放缩 1cm，取衣长档差与背长档差之差，即 2cm－1cm＝1cm
	J	前中摆点	横向不变，因其在横向坐标中与前片基准点位置相同；纵向放缩 1cm，取衣长档差与背长档差之差，即 2cm－1cm＝1cm

2. 后片

衬衫后片放码说明如表 5-3 所示，衬衫后片放量标注如图 5-3 所示，放码说明表中放码点代号与放量标注图中相对应。

表 5-3　衬衫后片放码说明

裁片	放码点	点的名称	放码依据和说明
后片	A	后横开领点	横向放缩 0.2cm，取领围档差的 1/5；纵向放缩 1cm，取背长档差 1cm
	B	后中领点	横向放缩量为 0，因其与基准点处于同一水平坐标；纵向放缩 1cm，因其纵坐标与后横开领点相近，根据比例关系，其纵向放量应与其相当，此处取 1cm，号型较多时可取 0.9cm
	C	肩端点	横向放缩 0.5cm，取肩宽档差的一半；纵向放缩 0.9cm，伴随着人体肩部增宽，人体的肩斜也会相应增加，为此设定 0.1cm 的肩斜增量，故与 A 点相比其纵向放缩量减少 0.1cm，即为 0.9cm
	D	侧缝胸点	横向放缩 1cm，取胸围档差的 1/4；纵向放缩 0.4cm，取背长档差的一半左右，此举同时保证了袖窿弧线的长度档差为 1cm
	E	侧缝腰点	横向放缩 1cm，取腰围档差的 1/4；纵向不变，因其与放码基准点处于同一纵向坐标
	F	后中腰点	保持不变，因其为后片的放码基准点，故不必进行缩放
	G	侧缝摆点	横向放缩 1cm，取摆围档差的 1/4；纵向放缩 1cm，取衣长档差减去下摆已放缩的 1cm，即 2cm－1cm＝1cm
	H	后中摆点	横向不变，因其在横向坐标中与后片基准点位置相同；纵向放缩 1cm，取衣长档差减去下摆已放缩的 1cm，即 2cm－1cm＝1cm
	I	腰省尖点	横向缩放 0.5cm，因为其在水平坐标上大致位于后片放码基准点和侧缝胸点的中间位置，根据比例关系，其水平放量应为侧缝胸点水平放量的一半，即 0.5cm；纵向放缩 0.3cm；因为其在纵向坐标上大致位于后片放码基准点和后横开领点的 1/3 位置，根据比例关系，其纵向放量应为后横开领点纵向放量的 1/3，取 0.3cm
	J	腰省点	横向放缩 0.5cm，因为其在水平坐标上大致位于后片放码基准点和侧缝腰点的中间位置，根据比例关系，其水平放量应为侧缝腰点水平放量的一半，即 0.5cm；纵向保持不变，因其与放码基准点处于同一竖直位置
	K	腰省尖点	横向放缩 0.5cm，因为其在水平坐标上大致位于后片放码基准点和侧摆缝点的中间位置，根据比例关系，其水平放量应为侧摆缝点水平放量的一半，即 0.5cm；纵向放缩 0.8cm，因为其在纵向坐标上大致位于后片放码基准点和后中摆点的 4/5 位置，根据比例关系，其纵向放量应为后中摆点纵向放量的 4/5，取 0.8cm

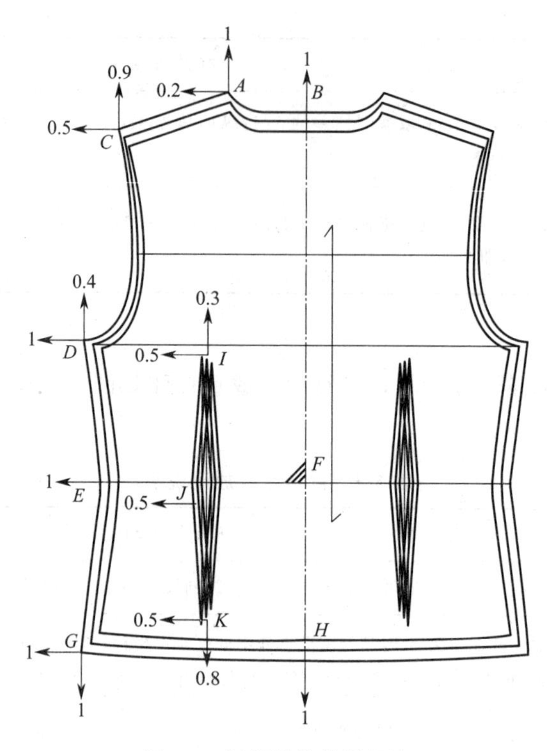

图 5-3 衬衫后片放量标注

3. 袖片

衬衫袖片放码说明如表 5-4 所示，衬衫袖片放量标注如图 5-4 所示，放码说明表中放码点代号与放量标注图中相对应。

表 5-4 衬衫袖片放码说明

裁片	放码点	点的名称	放码依据和说明
袖片	*A*	左袖肥端点	横向放缩 0.8cm，取袖肥档差的 1/2
	B	右袖肥端点	横向放缩 0.8cm，取袖肥档差的 1/2
	C	袖山顶点	横向保持不变，因其与袖片放码基准点处于同一水平位置；纵向放缩 0.5cm，取袖山高档差
	D	基准点	此点为袖片放码基准点，为放码原点，故保持不变
	E	左袖口端点	横向放缩 0.5cm，取袖口档差的 1/2；纵向放缩 1cm，取袖长档差和袖山顶点放量之差，即 1.5cm－0.5cm＝1cm
	F	右袖口端点	横向放缩 0.5cm，取袖口档差的 1/2；纵向放缩 1cm，取袖长档差和袖山顶点放量之差，即 1.5cm－0.5cm＝1cm
	G	袖叉位点	横向放缩 0.3cm，该点在水平坐标中大致处于基准点和右袖口端点的中间位置，故根据比例关系，其放量也应为右袖口端点的一半，此处取 0.3cm；纵向放缩 1cm，取袖长档差和袖山顶点放量之差，即 1.5cm－0.5cm＝1cm
	H	左袖山控制点	横向放缩 0.4cm，取袖肥端点放量的一半；纵向放缩 0.2cm，取袖山顶点的一半左右，此处取 0.2cm
	I	右袖山控制点	横向放缩 0.6cm，因其在水平坐标中距基准点的距离约为右袖肥端点的 3/4，根据比例关系，其放量也应为右袖肥端点的 3/4，即 0.6cm；纵向放缩 0.1cm，因其在竖直坐标中距基准点的距离约为袖山顶点的 1/4，根据比例关系，其放量也应为右袖肥端点的 1/4，即 0.125cm，此处取 0.1cm

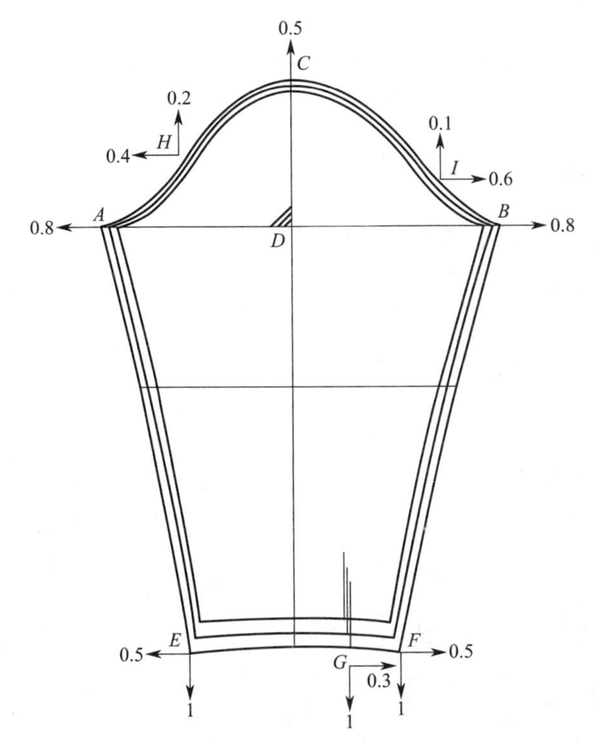

图 5-4　衬衫袖片放量标注

4. 其他部件

衬衫零部件放码说明如表 5-5 所示，衬衫零部件放量标注如图 5-5 所示，放码说明表中放码点代号与放量标注图中相对应。

表 5-5　衬衫零部件放码说明

类别	放码依据和说明
翻领	领围档差为 1cm，故左右各放缩 0.5cm；领深不变，故纵向不做放缩
底领	领围档差为 1cm，底领应与其一致，故左右各放缩 0.5cm；翻领高度不变，底领也保持不变
袖克夫	袖口档差为 1cm，袖克夫要与袖口缝合，故档差也为 1cm，围度放缩 1cm；袖克夫宽度保持不变

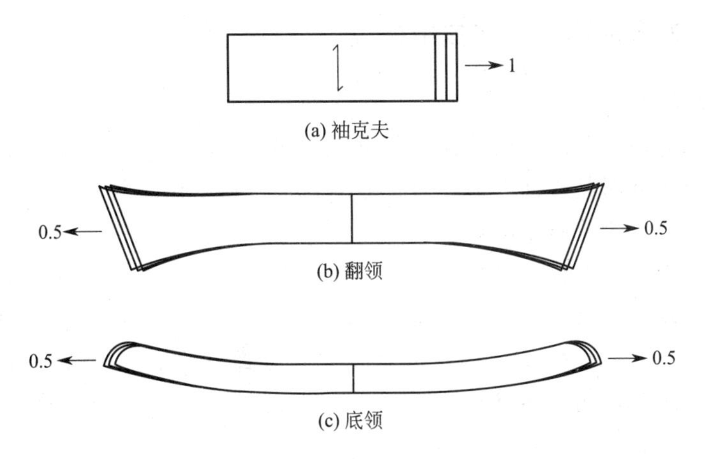

图 5-5　衬衫零部件放量标注

第二节　插肩袖外套放码

一、插肩袖外套款式

款式特点：运动外套、插肩袖、刀背缝。

插肩袖外套款式如图 5-6 所示。

图 5-6　插肩袖外套款式

二、插肩袖外套规格

插肩袖外套规格见表 5-6。

表 5-6　插肩袖外套规格　　单位：cm

部位	衣长	胸围	前胸宽	后背宽	腰围	摆围	肩宽	袖长	袖肥	袖口	领围
尺寸	58	95	17.6	18.6	80	93	41	70	38	25	44
档差	1.5	4	1	1	4	4	1	1	1.6	1	1

三、插肩袖外套放码说明与放量标注

1. 前片和前袖片

插肩袖服装放码时，基准点的选择十分重要，如前文所言，一般选择袖片和衣片上的一个公共点。本款服装同时具备插肩袖和刀背缝的款式特点，在放码过程中，选择了前片、前侧片和袖片的公共点作为放码基准点。

按照成衣档差设定，衣长档差为 1.5cm，因放码基准点位于整个前片纵向坐标的 1/3 位置，故前横开领点纵向放量为 0.5cm，前片下端摆点纵向放量为 1cm；胸围的档差为 4cm，前片胸围档差为其 1/4（即 1cm），因基准点在横向位置中处于整个前片的 2/3 有余，故中缝胸点的放量取 0.7cm，侧缝胸点的放量取 0.3cm；同理，腰围和底摆两端的点的横向放量也循此理。

插肩袖外套前片、前侧片和前袖片放码说明如表 5-7 所示，其放量标注如图 5-7 所示，放码说明表中放码点代号与放量标注图中相对应。

表 5-7　插肩袖外套前片、前侧片和前袖片放码说明

裁片	放码点	点的名称	放码依据和说明
前片	A	前片基准点	保持不变，此点为前片、前侧片和前袖片的公共点，定为基准点，放码过程中位置保持不变
	B	腰省点	横向放缩 0.3cm，因其位于基准点和腰围线左端点中间的 3/7 位置，根据比例关系，取腰围线左端点放量的 3/7，即 0.3cm；纵向放缩 0.5cm，因其处于基准点和下摆点的中点位置，根据比例关系，取下摆点纵向放量的一半，即 0.5cm
	C	刀背缝端点	横向放缩 0.3cm，放量原理同腰省点；纵向放缩 1cm，纵向放量大小同两端底摆点
	D	中缝摆点	横向放缩 0.7cm，纵向放缩 1cm，取衣长档差与背长档差之差，即 2cm－1cm＝1cm
	E	前中领点	横向放缩 0.7cm，取中缝胸点横向放量；纵向放缩 0.3cm，因其在纵向上约位于基准点和前横开领点的 3/5 位置，根据比例关系，取前横开领点纵向放量的 3/5，即 0.3cm
	F	前片领线端点	横向放缩 0.3cm，取领围档差的 1/5＋0.1cm，根据位置关系，在前横开领横向放量的基础上给予 0.1cm 的调整量；纵向放缩 0.3cm，根据比例关系，取前横开领点纵向放量的 3/5
前侧片	G	前侧基准点	保持不变，此点为前片、前侧片和前袖片的公共点，定为基准点，放码过程中位置保持不变
	H	侧缝胸点	横向放缩 0.3cm，原理前文已说明；纵向放缩 0.2cm，根据比例关系，取下摆纵向放量的 1/5
	I	侧缝腰点	横向放缩 0.3cm，取侧缝胸点的横向放量；纵向放缩 0.5cm，根据比例关系，取下摆点纵向放量的 1/2
	J	侧缝摆点	横向放缩 0.3cm，同侧缝胸点；纵向放缩 1cm
	K	刀背缝端点	横向放缩 0.3cm，根据比例关系，取中缝摆点横向放量的 3/7；纵向放缩 1cm，纵向放量与侧缝摆点相同
	L	腰省点	横向放缩 0.3cm，根据比例关系，取前中腰节点的 3/7；纵向放缩 0.5cm，纵向放量与侧缝腰点相同
	M	刀背缝控制点	横向放缩 0.3cm，同前中腰点；纵向放缩 0.2cm，根据比例关系，取下端摆点纵向放量的 1/5
前袖片	N	袖片基准点	保持不变，此点为前片、前侧片和前袖片的公共点，定为基准点，放码过程中位置保持不变
	O	领袖缝点	同点 F
	P	前横开领点	横向放缩 0.2cm，取领围的 1/5；纵向放缩 0.5cm，取衣长档差减去中缝摆点纵向放量，即 1.5cm－1cm＝0.5cm
	Q	肩袖点	横向放缩 0.2cm，因单边肩宽（总肩宽的 1/2）的档差为 0.5cm，而前中线在横向上已经放缩了 0.7cm，故此处要减少 0.2cm；纵向放缩 0.4cm，伴随着人体肩部增宽，人体的肩斜也会相应增加，为此设定 0.1cm 的肩斜增量，故与 Q 点相比其纵向放缩量减少 0.1cm
	R	袖缝控制点	横向放缩 0.5cm，袖肥的档差为 1.6cm，则前袖片袖肥档差为 0.8cm，根据基准点与袖肥两侧端点的比例关系，取袖肥档差的 5/8，即 0.5cm；纵向放缩 0.1cm，根据其与基准点的纵向位置关系，给予 0.1cm 的放量
	S	袖口端点	横向放缩 0.3cm，取前袖口档差的 3/5；纵向放缩 0.8cm，因袖长的档差为 1cm，在肩袖点处已给予 0.2cm 的长度放量，故此处纵向放量为 1cm－0.2cm＝0.8cm
	T	袖口端点	横向放缩 0.2cm，取档差减去已放的 0.3cm；纵向放缩 0.8cm，与前一袖口端点相同
	U	袖肥端点	横向放缩 0.3cm，取前片袖肥档差减去已放的 0.5cm；纵向放缩 0.1cm，与 R 点相同

2. 后片与后袖片

插肩袖外套前后片结构相似，大家可参考前片放码依据和说明，在此不做赘述，仅给出放量标注图，如图 5-8 所示。

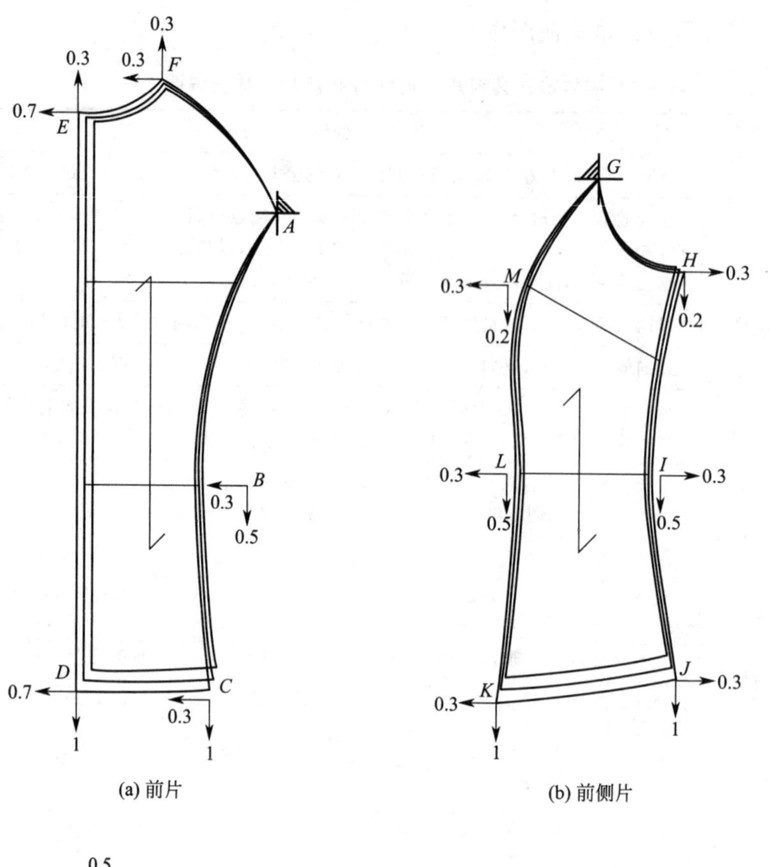

(a) 前片　　(b) 前侧片

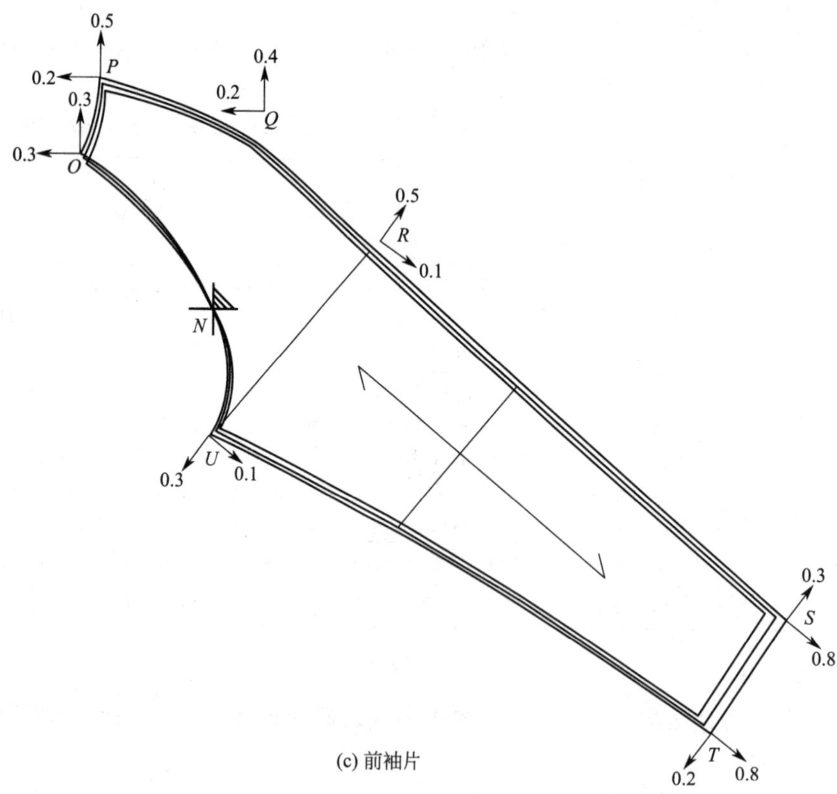

(c) 前袖片

图 5-7　插肩袖外套前片、前侧片和前袖片放量标注

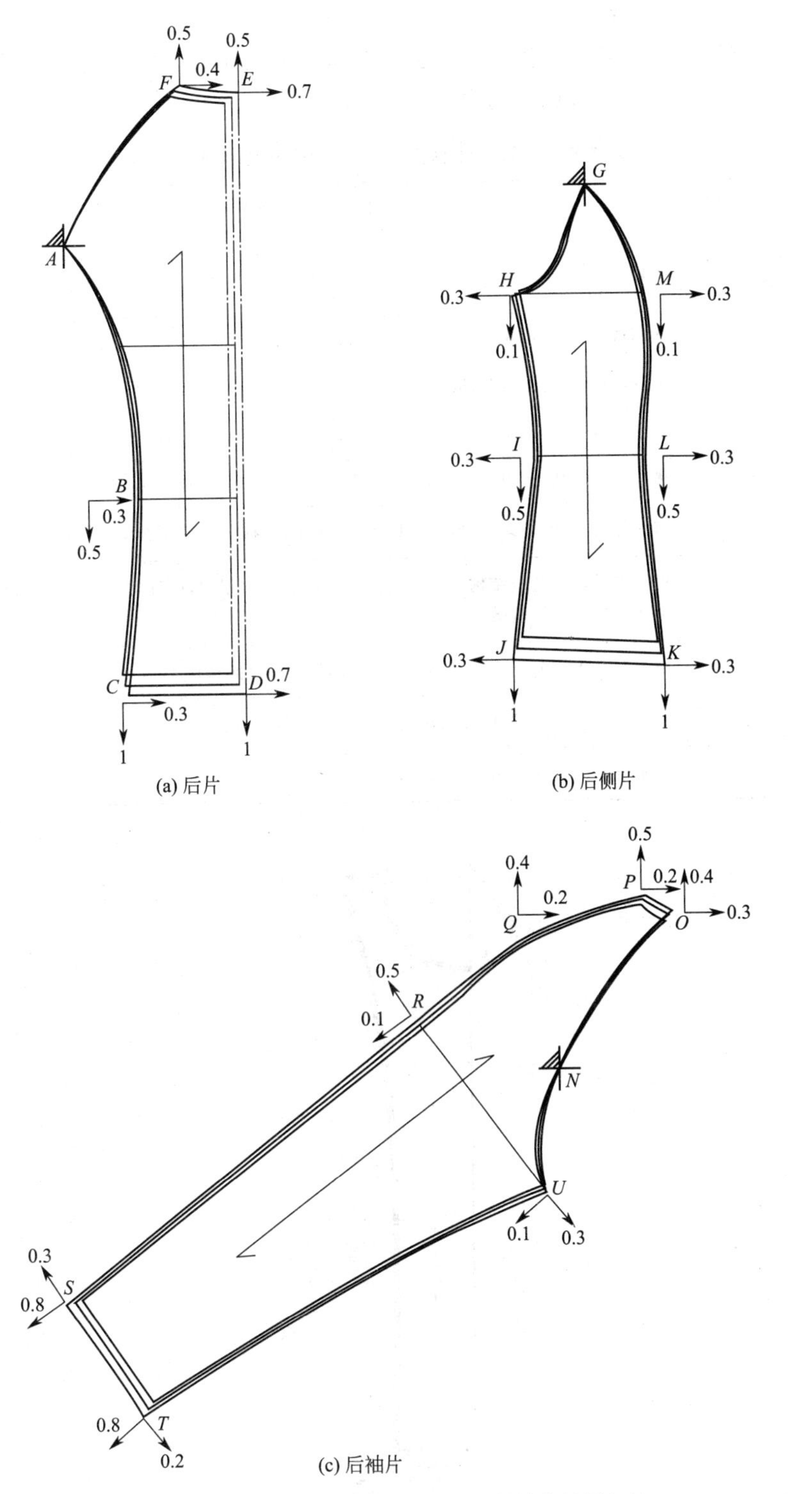

图 5-8　插肩袖外套后片、后侧片和后袖片放量标注

3. 挂面、零部件和里料

插肩袖外套挂面、零部件和里料放码说明如表 5-8 所示，其放量标注如图 5-9 所示，放码说明表中放码点代号与放量标注图中相对应。

表 5-8 插肩袖外套挂面、零部件和里料放码说明

裁片	放码点	点的名称	放码依据和说明
挂面	A	挂面放码基准点	保持不变
	B	横开领点	横向放缩 0.2cm,取领围档差的 1/5;纵向保持不变,因其在纵向坐标上与基准点位置相同
	C	肩线端点	因其与 B 点位置相近,根据定寸原则,取相同放量
	D	下摆点	横向放缩 0.2cm,取横开领点水平放量;纵向放缩 1.5cm,取衣长档差
	E	下摆点	横向保持不变,因其与基准点处于同一水平位置;纵向放缩 1.5cm,取衣长档差
	F	前中领点	横向保持不变,因其与基准点处于同一水平位置;纵向放缩 0.2cm,取领围档差的 1/5
里料			里料中没有刀背缝结构,将其转化为腰省,放码过程中,原理类似,只需将面料的前片和前侧片放量按照比例和结构关系进行整合即可
领子			横向左右各放缩 0.5cm,各取领围档差的 1/2;纵向保持不变
后领贴片			横向放缩 0.2cm,取横开领点的横向放量;纵向保持不变
口袋			袋贴长度放缩 0.2cm,取袋宽的档差;袋深放缩 0.5cm,取袋深档差

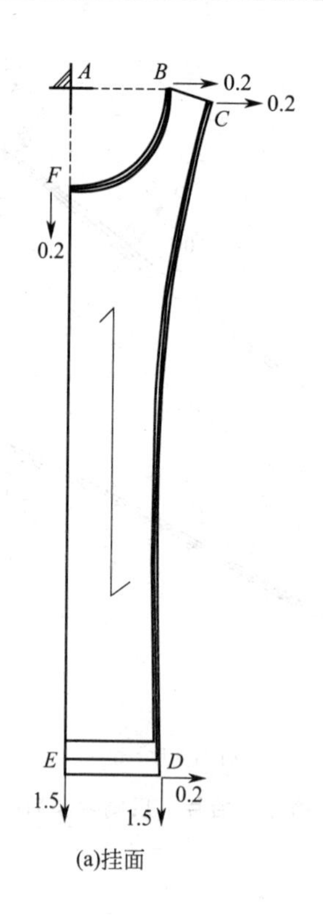

(a)挂面

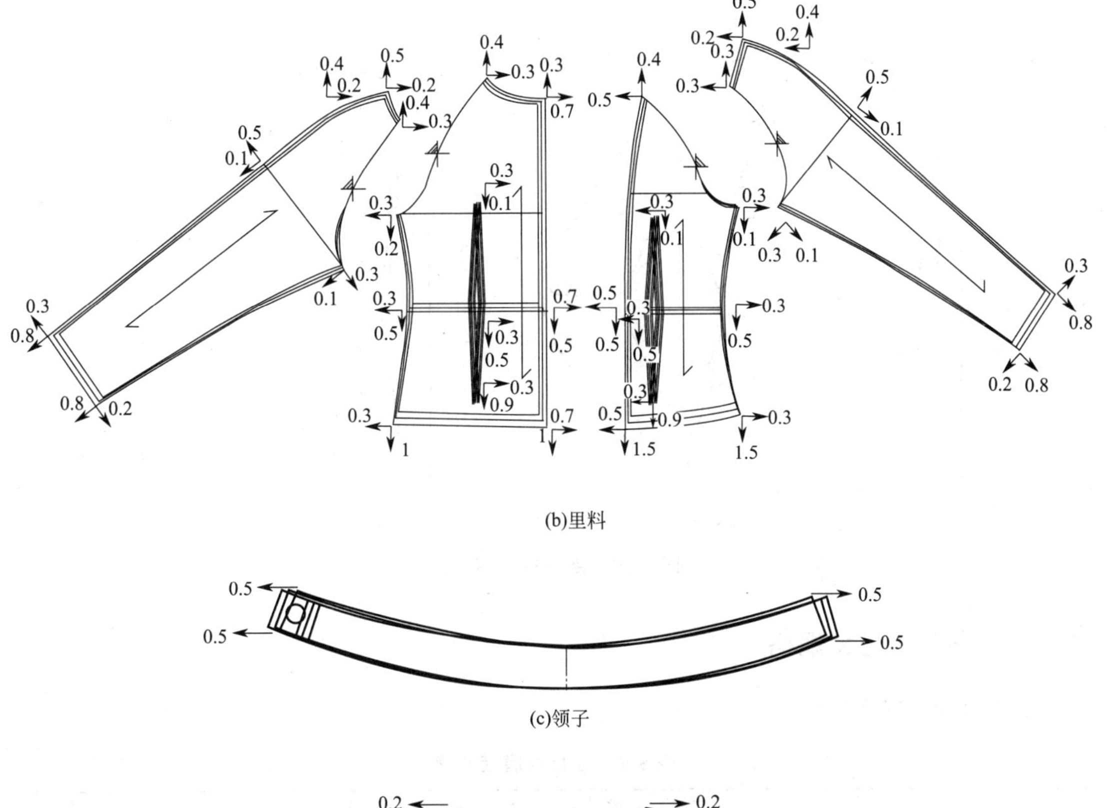

(b)里料

(c)领子

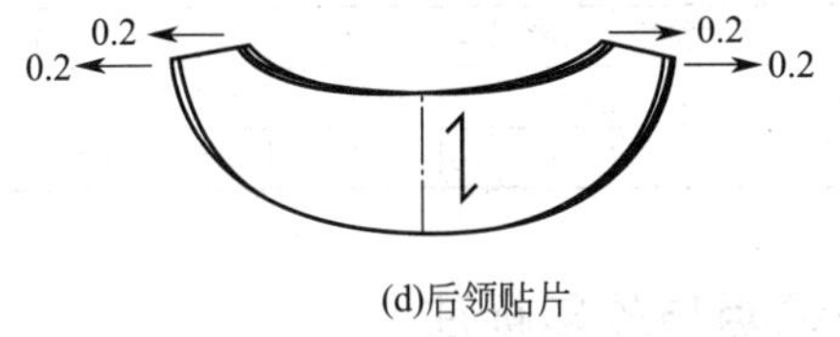

(d)后领贴片

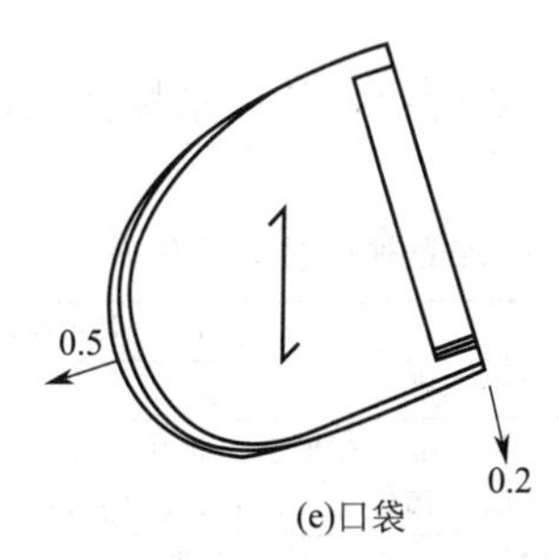

(e)口袋

图 5-9　插肩袖外套挂面、零部件和里料放量标注

第三节　连身袖唐装放码

一、连身袖唐装款式

款式特点：古典风，唐装，连身袖，斜开襟。

连身袖唐装款式如图 5-10 所示。

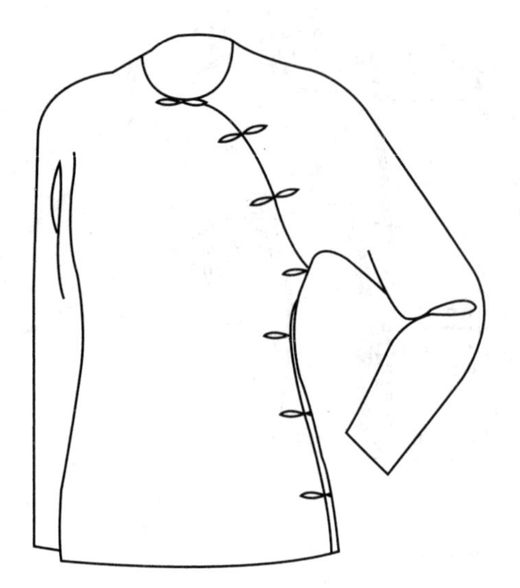
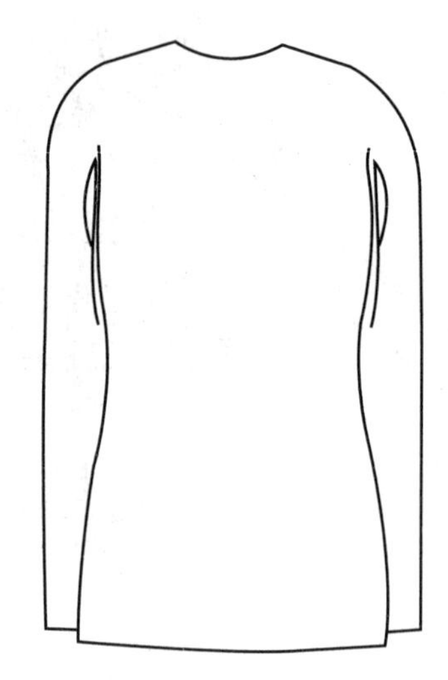

图 5-10 连身袖唐装款式

二、连身袖唐装规格

连身袖唐装规格见表 5-9。

表 5-9 连身袖唐装规格 单位：cm

部位	衣长	胸围	前胸宽	后背宽	腰围	摆围	肩宽	袖长	袖肥	袖口	领围
尺寸	60	93	17.1	18.1	80	95	38	65	38	26	42
档差	2	4	1	1	4	4	1	1	1.6	1	1

三、连身袖唐装放码说明与放量标注

1. 前片

连身袖唐装前片放码说明如表 5-10 所示，其放量标注如图 5-11 所示，放码说明表中放码点代号与放量标注图中相对应。

表 5-10 连身袖唐装前片放码说明

裁片	放码点	点的名称	放码依据和说明
前片	*A*	基准点	保持不变,因其为放码基准点
	B	前中领点	横向保持不变;因其与基准点在横向坐标中处于同一位置;纵向放缩 0.4cm,因其在纵向坐标中,位于基准点和前横开领的 2/3 位置,故取前横开领点纵向放量的 2/3
	C	前横开领点	横向放缩 0.2cm,取领围的 1/5;纵向放缩 0.6cm,因基准点在胸围线位置,根据前文人体档差关系,胸围线以上纵向档差为 0.6cm
	D	袖口端点	横向放缩 1cm,取袖长的档差;纵向放缩 0.6cm,取前横开领点的纵向放量
	E	袖口端点	横向放缩 1cm,取袖长的档差;纵向放缩 0.1cm,根据其与基准点在纵向坐标中的比例关系确定
	F	侧缝胸点	横向放缩 1cm,取胸围档差的 1/4;纵向保持不变,因其在纵向坐标上与基准点位置接近。侧缝胸点附近的其他点也简化处理,以此原理放缩
	G	侧缝腰点	横向放缩 1cm,取胸围档差的 1/4;纵向放缩 0.7cm,取下摆点纵向放量的一半
	H	下摆点	横向放缩 1cm,取摆围档差的 1/4;纵向放缩 1.4cm,取衣长档差减去前横开领点纵向放量
	I	下摆点	横向保持不变,因其在横向坐标上与基准点处于同一位置;纵向放缩 1.4cm,与 *H* 点相同

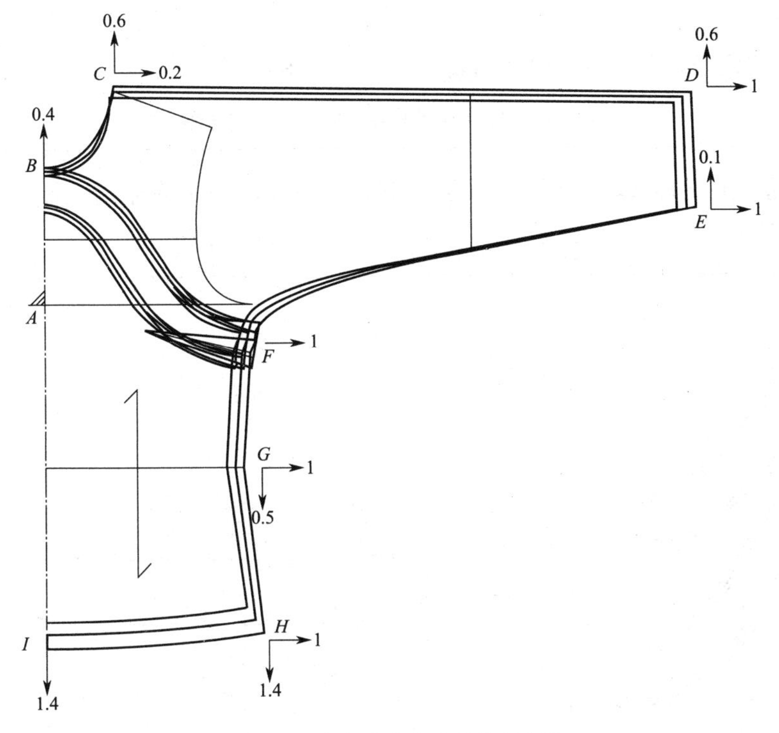

图 5-11　连身袖唐装前片放量标注

2. 后片

连射袖唐装前后片结构相似，大家可参考前片放码依据和说明，在此不做赘述，仅给出放量标注，如图 5-12 所示。

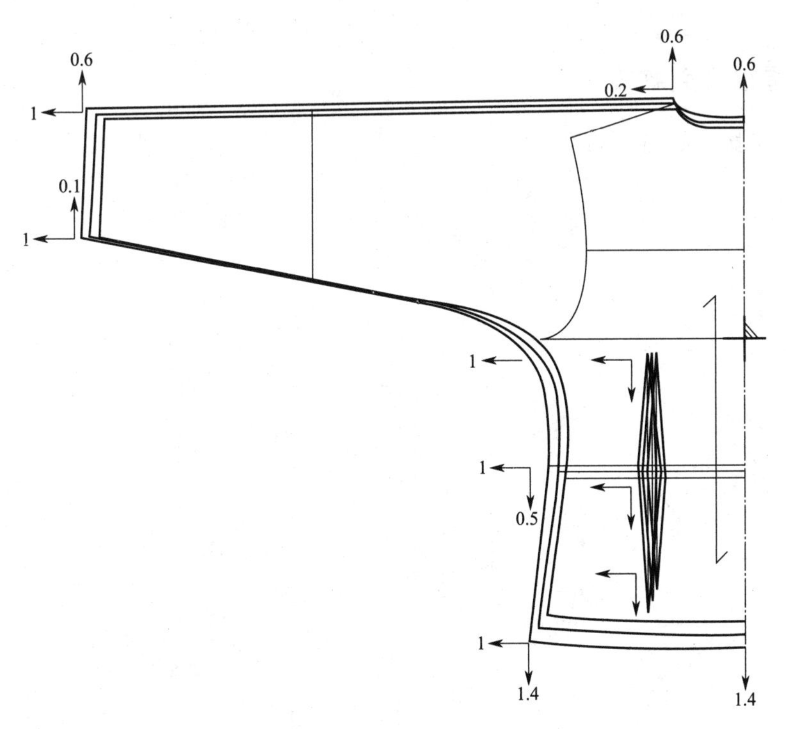

图 5-12　连身袖唐装后片放量标注

3. 领子和贴片

连身袖唐装领子和贴片放码说明如表 5-11 所示，其放量标注如图 5-13 所示。

表 5-11　连身袖唐装领子和贴片放码说明

裁片	放码依据和说明
贴片	A、B、C、D 点横向保持不变；纵向放缩 0.4cm，同前中领点；E、F、G、H 横向放缩 1cm，纵向保持不变，同前片侧缝胸点 F
领子	横向两端各放缩 0.5cm，各取领围档差的 1/2；纵向保持不变

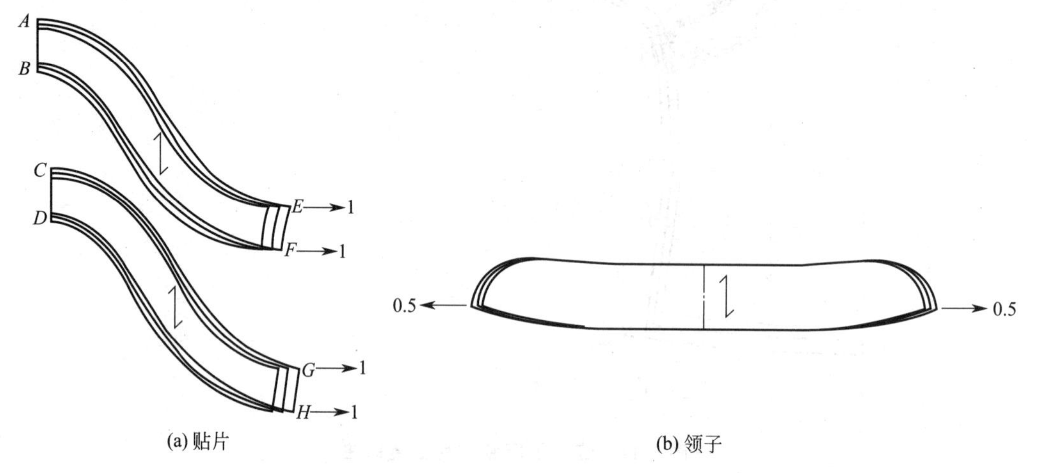

(a) 贴片　　(b) 领子

图 5-13　连身袖唐装领子和贴片放量标注

第四节　蝙蝠袖夹克放码

一、蝙蝠袖夹克款式

蝙蝠袖夹克款式如图 5-14 所示。

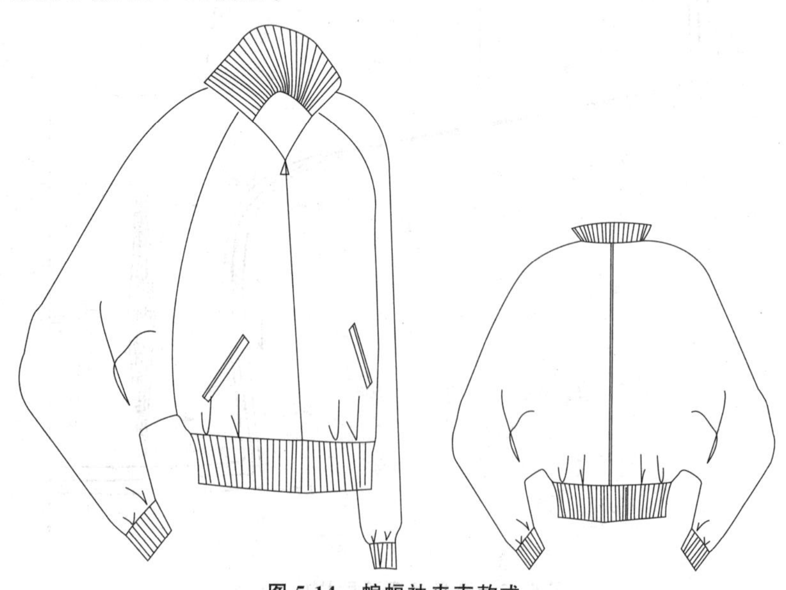

图 5-14　蝙蝠袖夹克款式

二、蝙蝠袖夹克规格

蝙蝠袖夹克规格见表 5-12。

表 5-12　蝙蝠袖夹克规格　　单位：cm

部位	衣长	胸围	前胸宽	后背宽	腰围	摆围	肩宽	袖长	袖口	领围
尺寸	55	112	20	20.5	84	81	41	57	21	42
档差	1.5	4	1	1	4	4	1	1.6	1	1

三、蝙蝠袖夹克放码说明和放量标注

蝙蝠袖放码原则与连身袖类似，只需注意在袖口位置对放缩方向进行适当调整即可。

1. 前片

蝙蝠袖夹克前片放码说明如表 5-13 所示，其放量标注如图 5-15 所示，放码说明表中放码点代号与放量标注图中相对应。

表 5-13　蝙蝠袖夹克前片放码说明

裁片	放码点	点的名称	放码依据和说明
前片	A	基准点	保持不变，因其为前片的基准点，是此次放码的原点
	B	前中领点	横向保持不变，因其在横向坐标中，与基准点处于同一位置；纵向放缩 0.4cm，取前横开领点的纵向放量减去 1/5 领围
	C	肩袖点	同点 D
	D	前横开领点	横向放缩 0.2cm，取领围的 1/5；纵向放缩 0.6cm，取人体胸围线以上部分的档差
	E	袖口端点	根据袖子方向调整放缩方向，横向放缩 0.5cm，取前横开领点的纵向放量减去 0.1cm，0.1cm 为肩斜调整量，因随人体肩宽的增加，肩斜也会随之增加；纵向放缩 1.6cm，取袖长的档差
	F	袖口端点	横向保持不变，因前袖口的档差为 0.5cm，在点 E 已经放缩完成，故此处不需再做放缩；纵向放缩 1.6cm，取袖长的档差
	G	结构线端点	横向放缩 1cm，取腰围档差的 1/4；纵向放缩 0.5cm，取 1/2(衣长档差－前横开领点纵向放量)
	H	下摆点	横向放缩 1cm，取衣摆档差的 1/4；纵向放缩 0.9cm，取衣长档差减去前横开领点的纵向放量
	I	下摆点	横向保持不变，因其在横向坐标的位置与基准点相同；纵向放缩 0.9cm，取衣长档差减去前横开领点的纵向放量

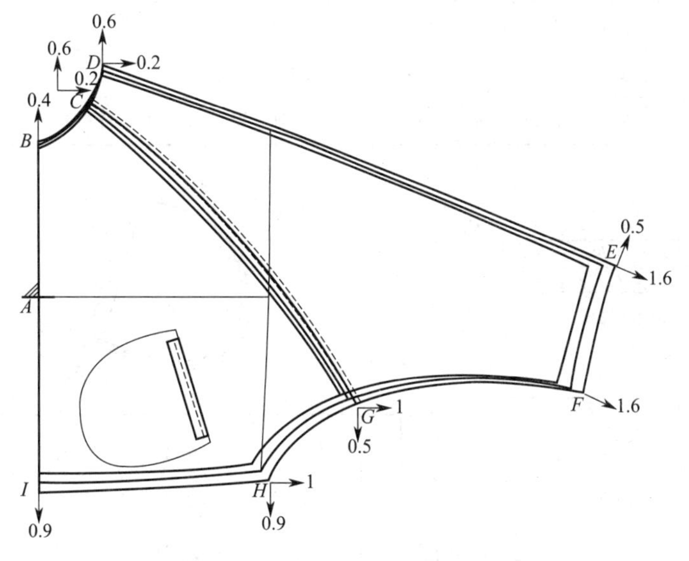

图 5-15　蝙蝠袖夹克前片放量标注

2. 后片

蝙蝠袖夹克后片放码原理与前片相似，不做赘述，其放量标注如图 5-16 所示。

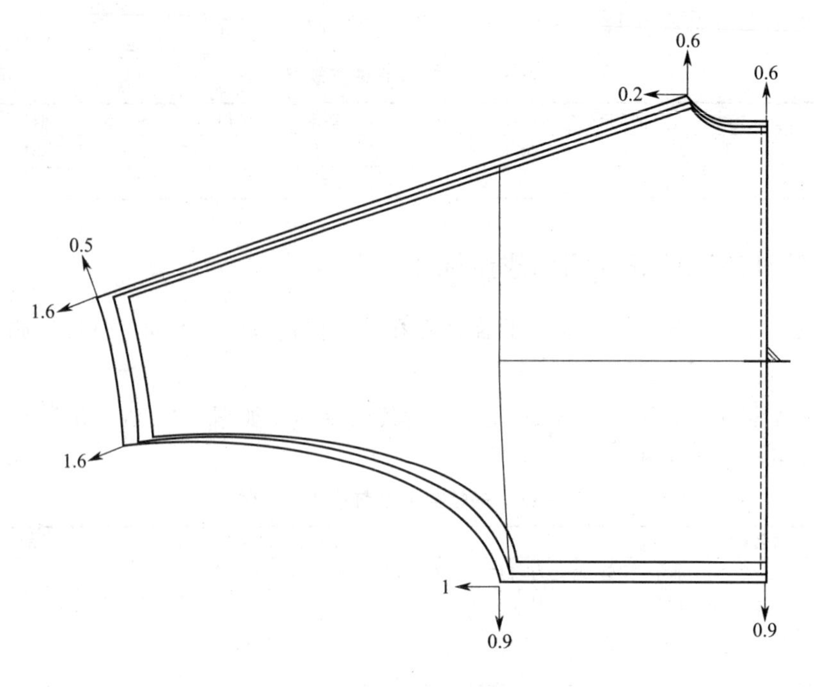

图 5-16 蝙蝠袖夹克后片放量标注

3. 零部件

蝙蝠袖夹克零部件放码说明如表 5-14 所示，其放量标注如图 5-17 所示。

表 5-14 蝙蝠袖夹克零部件放码说明

裁片	放码依据和说明
领子罗纹	横向放缩 1cm，取领围档差；纵向保持不变
袖口罗纹	横向放缩 1cm，取袖口档差；纵向保持不变
下摆罗纹	横向放缩 4cm，取摆尾档差；纵向保持不变
口袋	袋口贴片方向放缩 0.2cm；袋口深度方向放缩 0.5cm，取各自档差

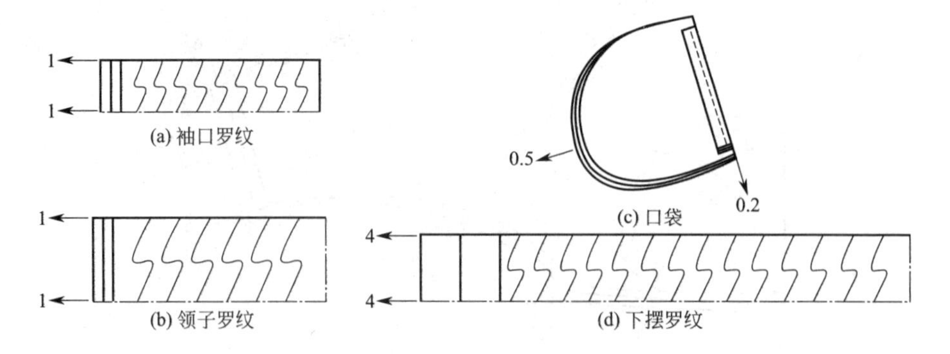

图 5-17 蝙蝠袖夹克其他零部件放量标注

第五节　直筒裙放码

一、直筒裙款式

款式特点：普通直筒裙，简单干练，职业装。

直筒裙款式如图 5-18 所示。

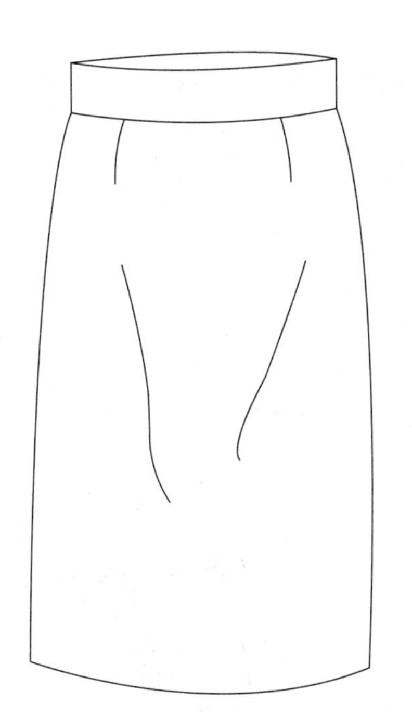
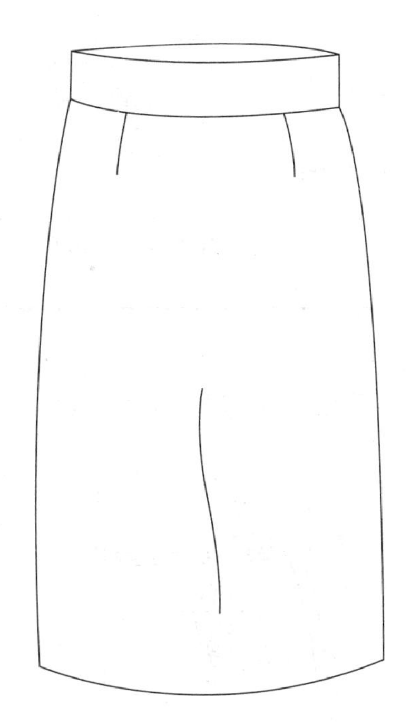

图 5-18　直筒裙款式

二、直筒裙规格

直筒裙规格见表 5-15。

表 5-15　直筒裙规格　　单位：cm

部位	腰围	臀围	摆围	裙长
尺寸	66	91	91	55
档差	4	4	4	1.8

三、直筒裙放码说明和放量标注

1. 前片

直筒裙前片放码说明如表 5-16 所示，其放量标注如图 5-19 所示，放码说明表中放码点代号与放量标注图中相对应。

表 5-16　直筒裙前片放码说明

裁片	放码点	点的名称	放码依据和说明
前片	*A*	基准点	基准点保持不变
	B	前中腰点	横向保持不变，因其在横向坐标中与基准点处于同一位置；纵向放缩 0.6cm，取腰长档差
	C	前腰省点	横向放缩 0.5cm，取单个前片腰围档差的一半；纵向放缩 0.6cm，取前中腰点纵向放量
	D	侧缝腰点	横向放缩 1cm，取单个前片腰围档差；纵向放缩 0.6cm，取前中腰点的纵向放量
	E	侧缝臀点	横向放缩 1cm，取单个前片臀围档差；纵向保持不变，因其在纵向坐标中与基准点处于同一位置
	F	侧缝摆点	横向放缩 1cm，取单个前片摆围的档差；纵向放缩 1.2cm，取裙长档差减去前中腰点已经放缩的 0.6cm，即 1.8cm－0.6cm＝1.2cm
	G	前中摆点	横向保持不变，因其在横向坐标中与基准点位置相同；纵向放缩 1.2cm，与侧缝摆点纵向放量相同
	H	前腰省尖点	横向放缩 0.5cm，取单个前片腰围档差的一半；纵向放缩 0.3cm，取前中腰点纵向放量的一半

2. 后片

直筒裙后片放码原理与前片相似，在此做赘述，放量标注图如图 5-20 所示。

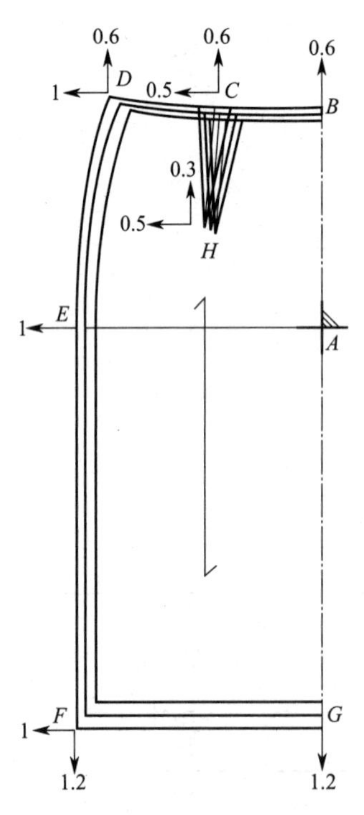

图 5-19　直筒裙前片放量标注

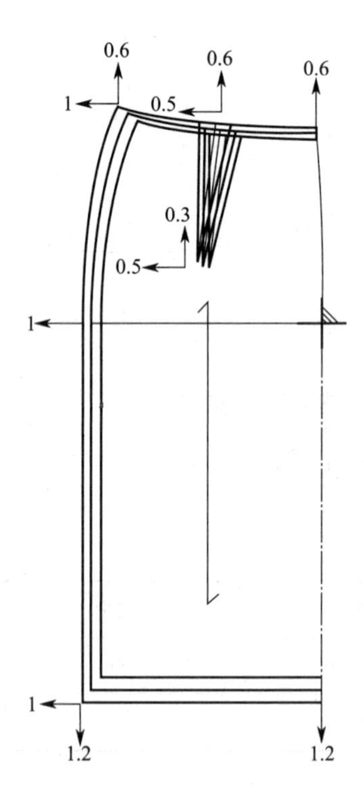

图 5-20　直筒裙后片放量标注

3. 腰头

直筒裙腰头放码过程中，宽度保持不变，长度放缩量取单个前片腰围档差 1cm，其放量标注如图 5-21 所示。

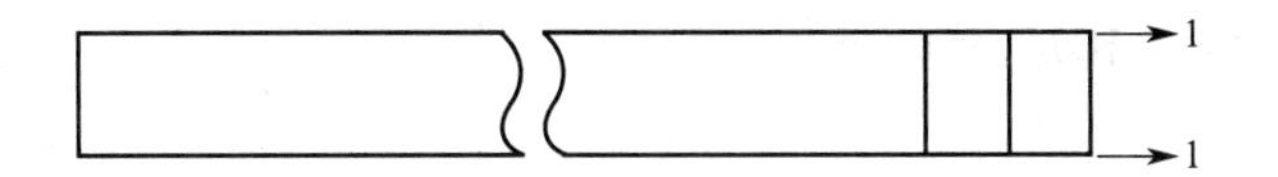

图 5-21　直筒裙腰头放量标注

第六节　西裤放码

一、西裤款式

款式特点：西装裤，简单干练，为职业装。前面斜插袋，后面为两个双开线口袋。西裤款式如图 5-22 所示。

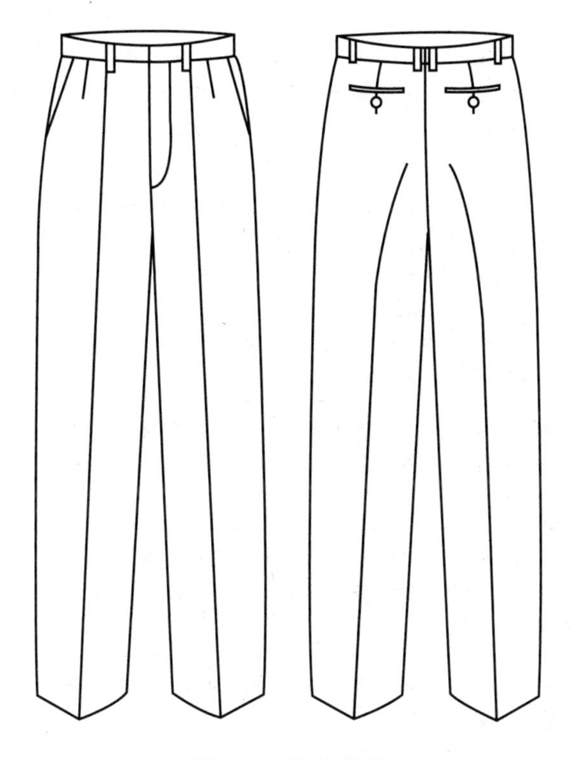

图 5-22　西裤款式

二、西裤规格

西裤规格见表 5-17。

表 5-17　西裤规格　　单位：cm

部位	裤长	腰围	臀围	上裆深	横裆	膝围	裤口
尺寸	101	68	96	29	61	44	42
档差	3	4	3.6	1	2.5	2	2

三、西裤放码说明和放量标注

1. 前片

西裤前片放码说明如表 5-18 所示，其放量标注如图 5-23 所示，放码说明表中放码点代号与放量标注图中相对应。

表 5-18　西裤前片放码说明

裁片	放码点	点的名称	放码依据和说明
前片	*A*	基准点	基准点保持不变
	B	前中腰点	横向放缩 0.4cm，单个前片腰围档差为 1cm，根据前中腰点和侧缝腰点与基准点在横向坐标中的位置比例关系，前中腰点横向放量取前片腰围档差的 2/5(0.4cm)，侧缝腰点取单个前片腰围档差的 3/5(0.6cm)；纵向放缩 1cm，取上裆深档差
	C	前中臀点	横向放缩 0.4cm，单个前片臀围档差为 0.9cm，根据前中臀点和侧缝臀点的位置比例关系，给予前中臀点 0.4cm 的横向放量，给予侧缝臀点 0.5cm 的横向放量；纵向放缩 0.4m，取上裆深档差减去腰长档差，即 1cm－0.6cm＝0.4cm
	D	前小裆点	横向放缩 0.6cm，总裆宽档差为 0.7cm，前小裆分配 0.2cm，后裆分配 0.5cm。横向放量取：前中臀点横向放量＋前小裆档差，即 0.4cm＋0.2cm＝0.6cm；纵向保持不变，因其与基准点处于同一纵向坐标
	E	内侧膝点	横向放缩 0.2cm，取内侧裤口点的横向放量；纵向放缩 0.8cm，取内侧裤口点纵向放量的一半左右，此处取 0.8cm
	F	内侧裤口点	横向放缩 0.2cm，裤口档差为 2cm，单个前后裁片分配 1cm，其中分配到前片 0.4cm，后片 0.6cm，故前片裤口两端各放缩 0.2cm；纵向放缩 2cm，取裤长档差减去前中腰点已经放缩的部分，即 3cm－1cm＝2cm
	G	侧缝裤口点	横向放缩 0.2cm，裤口档差为 2cm，单个前后裁片分配 1cm，其中分配到前片 0.4cm，后片 0.6cm，故前片裤口两端各放缩 0.2cm；纵向放缩 2cm，取裤长档差减去前中腰点已经放缩的部分，即 3cm－1cm＝2cm
	H	侧缝膝点	横向放缩 0.2cm，取侧缝裤口点的横向放量；纵向放缩 0.8cm，取侧缝裤口点纵向放量的一半左右，此处取 0.8cm
	I	侧缝裆点	横向放缩 0.5cm，取侧缝臀点的横向放量；纵向保持不变，因其与基准点在纵向坐标中处于同一位置
	J	侧缝臀点	横向放缩 0.5cm，单个前片臀围档差为 0.9cm，根据前中臀点和侧缝臀点的位置比例关系，给予前中臀点 0.4cm 的横向放量，给予侧缝臀点 0.5cm 的横向放量；纵向放缩 0.4m，取上裆深档差减去腰长档差，即 1cm－0.6cm＝0.4cm
	K	侧缝腰点	横向放缩 0.6cm，单个前片腰围档差为 1cm，根据前中腰点和侧缝腰点与基准点在横向坐标中的位置比例关系，前中腰点横向放量取前腰围档差的 2/5(0.4cm)，侧缝腰点取前片腰围档差的 3/5(0.6cm)，纵向放缩 1cm，取上裆深档差
	L	褶点	横向保持不变，因其在横向上的坐标位置与基准点基本相同；纵向放缩 1cm，取裆深的档差

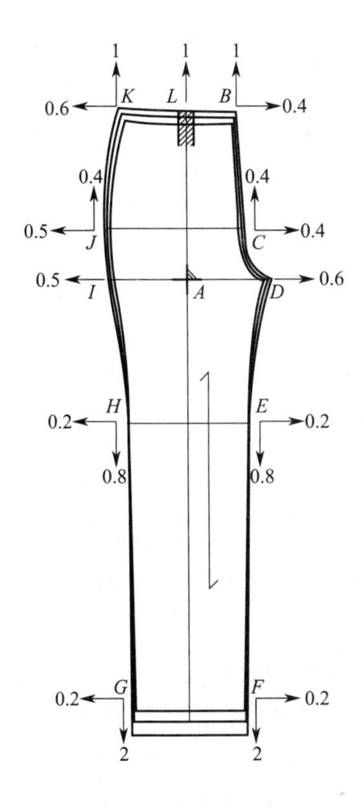

图 5-23 西裤前片放量标注

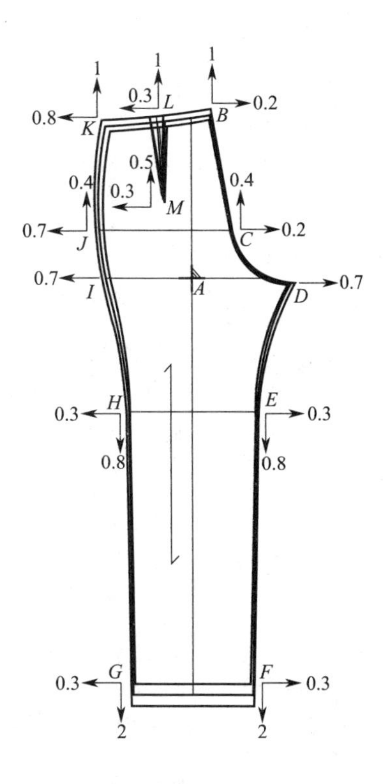

图 5-24 西裤后片放量标注

2. 后片

西裤后片放码说明如表 5-19 所示，其放量标注如图 5-24 所示，放码说明表中放码点代号与放量标注图中相对应。

表 5-19 西裤后片放码说明

裁片	放码点	点的名称	放码依据和说明
后片	A	基准点	基准点保持不变
	B	后中腰点	横向放缩 0.2cm，单个后片腰围档差为 1cm，根据后中腰点和侧缝腰点与基准点在横向坐标中的位置比例关系，后中腰点横向放量取单个后腰围档差的 1/5(0.2cm)，侧缝腰点取单个后片腰围档差的 4/5(0.8cm)；纵向放缩 1cm，取裆深档差
	C	后中臀点	横向放缩 0.2cm，单个后片臀围档差为 0.9cm，根据后中臀点和侧缝臀点的位置比例关系，给予后中臀点 0.2cm 的横向放量，给予侧缝臀点 0.7cm 的横向放量；纵向放缩 0.4m，取裆深的档差减去腰长档差，即 1cm－0.6cm＝0.4cm
	D	后大裆点	横向放缩 0.7cm，总裆宽档差为 0.7cm，前小裆分配 0.2cm，后大裆分配 0.5cm。横向放量取：后中臀点横向放量＋后大裆档差，即 0.2cm＋0.5cm＝0.7cm。纵向保持不变，因其与基准点处于同一纵向坐标
	E	内侧膝点	横向放缩 0.3cm，取内侧裤口点的横向放量；纵向放缩 0.8cm，取内侧裤口点纵向放量的一半左右，此处取 0.8cm

续表

裁片	放码点	点的名称	放码依据和说明
后片	F	内侧裤口点	横向放缩 0.3cm，裤口档差为 2cm，单个前后裁片分配 1cm，其中分配到单个前片 0.4cm，单个后片 0.6cm，故后片裤口两端各放缩 0.3cm；纵向放缩 2cm，取裤长的档差减去后中腰点已经放缩的部分，即 3cm－1cm＝2cm
	G	侧缝裤口点	横向放缩 0.3cm，裤口档差为 2cm，单个前后裁片分配 1cm，其中分配到单个前片 0.4cm，单个后片 0.6cm，故后片裤口两端各放缩 0.3cm；纵向放缩 2cm，取裤长的档差减去后中腰点已经放缩的部分，即 3cm－1cm＝2cm
	H	侧缝膝点	横向放缩 0.3cm，取侧缝裤口点的横向放量；纵向放缩 0.8cm，取侧缝裤口点纵向放量的一半左右，此处取 0.8cm
	I	侧缝裆点	横向放缩 0.7cm，取侧缝臀点的横向放量；纵向保持不变，因其与基准点在纵向坐标中处于同一位置
	J	侧缝臀点	横向放缩 0.7cm，单个后片臀围档差为 0.9cm，根据后中臀点和侧缝臀点的位置比例关系，给予后中臀点 0.2cm 的横向放量，给予侧缝臀点 0.7cm 的横向放量；纵向放缩 0.4m，取上裆深的档差减去腰长档差，即 1cm－0.6cm＝0.4cm
	K	侧缝腰点	横向放缩 0.8cm，单个后片腰围档差为 1cm，根据后中腰点和侧缝腰点与基准点在横向坐标中的位置比例关系，后中腰点横向放量取单个后片腰围档差的 1/5(0.2cm)，侧缝腰点取单个后片腰围档差的 4/5(0.8cm)；纵向放缩 1cm，取裆深档差
	L	腰省点	横向放缩 0.3cm，根据腰省点与侧缝腰点在横向坐标中的位置关系，给予腰省点 3/8 的侧缝腰点横向放量；纵向放缩 1cm，取上裆深的档差
	M	腰省尖点	横向放缩 0.3cm，取腰省点的横向放量；纵向放缩 0.5cm，取上裆深档差的一半

3. 零部件

西裤零部件放码说明如表 5-20 所示，其放量标注如图 5-25 所示。

表 5-20 西裤零部件放码说明

裁片	放码依据和说明
嵌条	横向放缩 0.2cm，取袋口宽档差
双开线袋袋布	横向两端各放缩 0.1cm，两端共放缩 0.2cm，为袋宽档差；纵向放缩 0.5m，为口袋深度档差
斜插袋袋布	纵向共放缩 0.8cm，袋口深纵向放缩 0.5cm，袋口至袋底纵向放缩 0.3cm；围度放缩 0.5cm
门襟	纵向放缩 0.6cm，取腰长档差 0.6cm
里襟	纵向放缩 0.6cm，取腰长档差 0.6cm
袋口垫布	纵向放缩 0.5cm，取口袋深度档差 0.5cm
袋垫布	纵向放缩 0.5cm，取口袋深度档差 0.5cm
腰头	横向放缩 4cm，取腰围档差

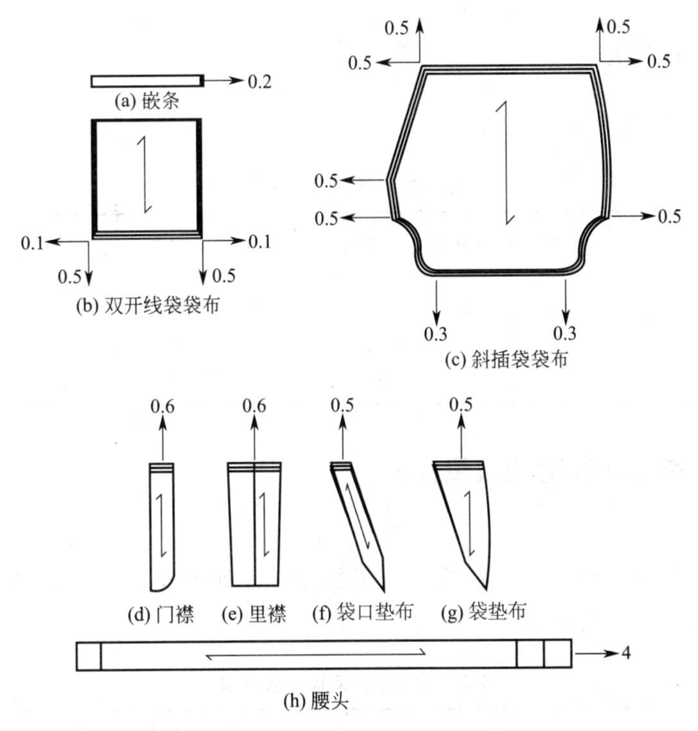

图 5-25　西裤零部件放量标注

第七节　西装上衣放码

一、西装上衣款式

款式特点：平驳领两粒扣西装上衣，简单干练，为职业装。

西装上衣款式如图 5-26 所示。

图 5-26　西服上衣款式

二、西装上衣规格

西装上衣规格见表 5-21。

表 5-21　西装上衣规格　　单位：cm

部位	衣长	胸围	前胸宽	后背宽	腰围	摆围	肩宽	袖长	袖口	领围
尺寸	63	98	17.4	18.5	83	108	40	57	25	—
档差	1.6	4	1	1	4	4	1	1.5	1	1

三、西装上衣放码说明和放量标注

1. 前片

西装上衣前片放码说明如表 5-22 所示，其放量标注如图 5-27 所示，放码说明表中放码点代号与放量标注图中相对应。

表 5-22　西装上衣前片放码说明

裁片	放码点	点的名称	放码依据和说明
前片	*A*	基准点	基准点保持不变
	B	前横开领点	横向放缩 0.2cm,取领围档差的 1/5;纵向放缩 0.6cm,取人体胸部以上部位档差
	C	肩端点	横向放缩 0.5cm,取单边肩宽的档差,即总肩宽的一半;纵向放缩 0.5cm,取前横开领点的纵向放量减去 0.1cm 的调整量,使衣片肩斜与人体肩斜变化相符合
	D	领折点	横向放缩 0.2cm,取前横开领点横向放量;纵向放缩 0.4cm,根据位置比例关系,取前横开领点纵向放量的 2/3
	E	驳领尖点	横向保持不变,因其在横向坐标中的位置与基准点基本一致;纵向放缩 0.4cm,与领折点纵向放量相同
	F	袖窿分割端点	横向放缩 0.7cm,与上衣原型相比,西装前片有一部分被侧片分割,根据侧片分割部分和前片保留部分的比例关系,给予前片 0.7cm 的横向放量,给予侧片 0.3cm 的横向放量,共同构成单个前片胸围档差 1cm;纵向保持不变,因其在纵向坐标中与基准点基本处于同一位置
	G	前缝腰点	横向放缩 0.7cm,与上衣原型相比,西装前片有一部分被侧片分割,根据侧片分割部分和前片保留部分的比例关系,给予前片 0.7cm 的横向放量,给予侧片 0.3cm 的横向放量,共同构成单个前片腰围档差 1cm;纵向放缩 0.4cm,取人体单个前片腰围档差减去前横开领点的纵向放量,即 1cm－0.6cm＝0.4cm
	H	袋位端点	横向放缩 0.7cm,与点 *G* 横向放量相同;纵向放缩 0.5cm,根据其在纵向坐标中与点 *K* 的位置比例关系,取点 *K* 纵向放量的一半
	I	前中腰点	同点 *H*

裁片	放码点	点的名称	放码依据和说明
前片	*J*	袋位端点	横向放缩 0.3cm，使口袋实际放缩 0.4cm；纵向放缩 0.5cm，取点 *K* 纵向放量的一半
	K	前缝摆点	横向放缩 0.7cm，与上衣原型相比，西装前片有一部分被侧片分割，根据侧片分割部分和前片保留部分的比例关系，给予前片 0.7cm 的横向放量，给予侧片 0.3cm 的横向放量，共同构成单个前片摆围档差 1cm；纵向放缩 1cm，取衣长档差减去前横开领点的纵向放量
	L	前中摆点	横向保持不变，因其在横向坐标中与基准点位置基本相同；纵向放缩 1cm，与点 *K* 的纵向放量相同
	M	前中腰点	横向保持不变，因其在横向坐标中与基准点位置基本相同；纵向放缩 0.5cm，与点 *H* 的纵向放量相同
	N	腰省位置点	横向放缩 0.3cm，根据其与 *G* 点在横向坐标中的位置比例关系，取 *G* 点横向放量的一半左右；纵向放缩 0.4cm，与点 *G* 的纵向放量相同
	N′	腰省位置点	与点 *N* 相同
	O	腰省尖点	横向放缩 0.3cm，根据其与点 *F* 在横向坐标中的位置比例关系，取点 *F* 横向放量的一半左右；纵向保持不变，因其在纵向坐标中与基准点处于同一位置

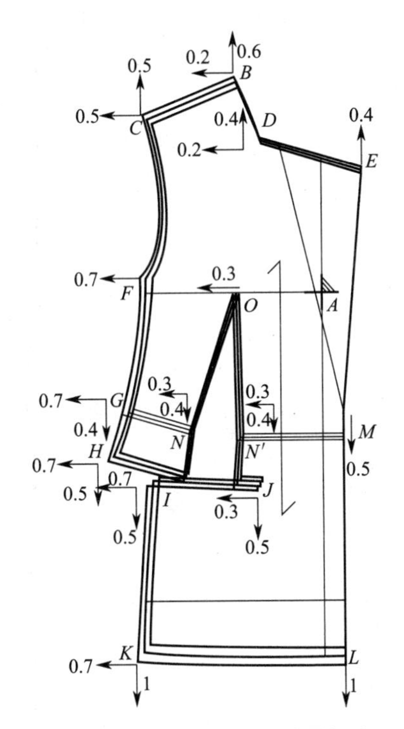

图 5-27　西装上衣前片放量标注

2. 侧片

西装上衣侧片放码说明如表 5-23 所示，其放量标注如图 5-28 所示，放码说明表中放码点代号与放量标注图中相对应。

表 5-23　西装上衣侧片放码说明

裁片	放码点	点的名称	放码依据和说明
侧片	*A*	基准点	基准点保持不变
	B	后袖窿分割点	横向放缩 0.5cm，与上衣原型相比，西装后片的一部分被侧片分割，根据后片被分割部分与后片保留部分的比例关系，给予二者各 0.5cm 的横向放量，共同构成单个后片胸围的档差 1cm；纵向放缩 0.2cm，与后片该点放量相同
	C	后侧腰点	横向放缩 0.5cm，与上衣原型相比，西装后片的一部分被侧片分割，根据后片被分割部分与后片保留部分的比例关系，给予二者各 0.5cm 的横向放量，共同构成单个后片腰围档差 1cm；纵向放缩 0.4cm，取单个后片腰围档差减去人体胸围线以上部分档差
	D	后侧摆点	横向放缩 0.5cm，与上衣原型相比，西装后片的一部分被侧片分割，根据后片被分割部分与后片保留部分的比例关系，给予二者各 0.5cm 的横向放量，共同构成单个后片摆围档差 1cm；纵向放缩 1cm，与前片摆点纵向放量相同
	E	前侧摆点	横向放缩 0.3cm，与上衣原型相比，西装前片有一部分被侧片分割，根据侧片分割部分和前片保留部分的比例关系，给予前片 0.7cm 的横向放量，给予侧片 0.3cm 的横向放量，共同构成单个前片摆围档差 1cm；纵向放缩 1cm，与前片摆点纵向放量相同
	F	前侧腰点	横向放缩 0.3cm，与上衣原型相比，西装前片有一部分被侧片分割，根据侧片分割部分和前片保留部分的比例关系，给予前片 0.7cm 的横向放量，给予侧片 0.3cm 的横向放量，共同构成单个前片腰围档差 1cm；纵向放缩 0.4cm，与点 *C* 纵向放量相同
	G	前袖窿分割点	横向放缩 0.3cm，与上衣原型相比，西装前片有一部分被侧片分割，根据侧片分割部分和前片保留部分的比例关系，给予前片 0.7cm 的横向放量，给予侧片 0.3cm 的横向放量，共同构成单个前片胸围档差 1cm；纵向保持不变，因其在纵向坐标中的位置与基准点基本一致

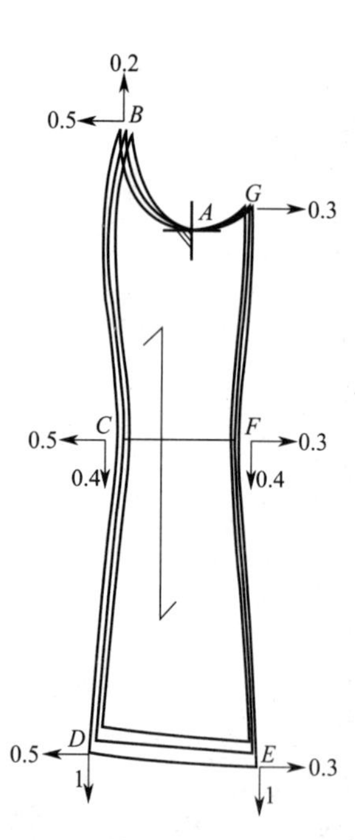

图 5-28　西装上衣侧片放量标注

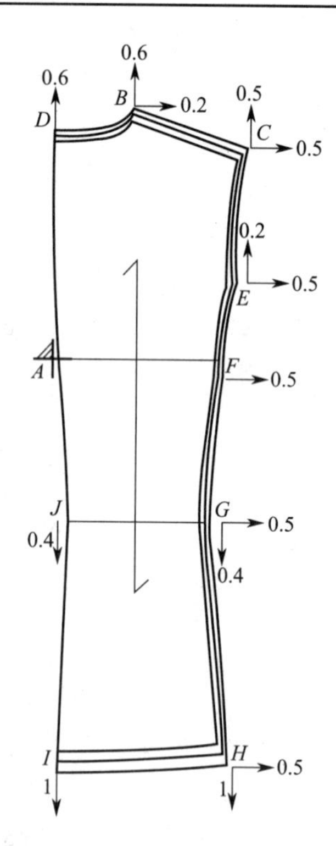

图 5-29　西装上衣后片放量标注

3. 后片

西装上衣后片放码说明如表 5-24 所示，其放量标注如图 5-29 所示，放码说明表中放码点代号与放量标注图中相对应。

表 5-24　西装上衣后片放码说明表

裁片	放码点	点的名称	放码依据和说明
后片	A	基准点	基准点保持不变
	B	后横开领点	横向放缩 0.2cm，取领围档差的 1/5；纵向放缩 0.6cm，取人体胸围线以上部分纵向档差
	C	肩端点	横向放缩 0.5cm，取单边肩宽的档差，即总肩宽的一半；纵向放缩 0.5cm，取后横开领点的纵向放量减去 0.1cm 的调整量，使衣片肩斜与人体肩斜变化相符合
	D	后中领点	横向保持不变，因其在横向坐标中与基准点位置一致；纵向放缩 0.6cm，与后横开领点纵向放量相同
	E	后袖窿分割点	横向放缩 0.5cm，与上衣原型相比，西装后片的一部分被侧片分割，根据后片被分割部分与后片保留部分的比例关系，给予二者各 0.5cm 的横向放量，共同构成单个后片胸围档差 1cm；纵向放缩 0.2cm，根据该点与后横开领点在纵向坐标中的位置比例关系，给予其后横开领点纵向放量的 1/3
	F	腰省尖点	横向放缩 0.5cm，与上衣原型相比，西装后片的一部分被侧片分割，根据后片被分割部分与后片保留部分的比例关系，给予二者各 0.5cm 的横向放量，共同构成单个后片胸围档差 1cm；纵向保持不变，因其在纵向坐标中与基准点处于同一位置
	G	后缝腰点	横向放缩 0.5cm，与上衣原型相比，西装后片的一部分被侧片分割，根据后片被分割部分与后片保留部分的比例关系，给予二者各 0.5cm 的横向放量，共同构成单个后片腰围档差 1cm；纵向放缩 0.4cm，取人体单个后片腰围档差减去胸围线以上部分档差
	H	后缝摆点	横向放缩 0.5cm，与上衣原型相比，西装后片的一部分被侧片分割，根据后片被分割部分与后片保留部分的比例关系，给予二者各 0.5cm 的横向放量，共同构成单个后片摆围档差 1cm；纵向放缩 1cm，取衣长档差减去后横开领点纵向放量
	I	后中摆点	横向保持不变，因其在横向坐标中与基准点位置一致；纵向放缩 1cm，与点 H 纵向放量相同
	J	后中腰点	横向保持不变，因其在横向坐标中与基准点位置一致；纵向放缩 0.4cm，与点 G 纵向放量相同

4. 袖片

西装上衣袖片放码说明如表 5-25 所示，放量标注如图 5-30 所示，放码说明表中放码点代号与放量标注图中相对应。

表 5-25　西装上衣袖片放码说明

裁片	放码点	点的名称	放码依据和说明
大袖	A	基准点	基准点保持不变
	B	袖山点	横向保持不变，因其在横向坐标中与基准点处于同一位置；纵向放缩 0.5cm，在袖山高档差 0.4cm 的基础上追加 0.1cm，因为两片袖在缝制过程中会有自然损耗，为此追加 0.1cm
	C	袖缝端点	横向放缩 0.5cm，袖肥档差取 1.6cm，根据大小袖比例关系，给予大袖袖肥 1cm 的放量，小袖袖肥 0.6cm 的放量，此处横向放量取大袖袖肥档差的 1/2；纵向放缩 0.1cm，取袖山纵向放量的 1/4
	D	袖缝端点	横向放缩 0.5cm，取大袖袖肥档差的 1/2；纵向放缩 0.2cm，取袖山点纵向放量的 1/2 左右
	E	袖口端点	横向放缩 0.2cm，袖口档差为 1cm，大小袖片各分配 0.5cm，其中大袖前侧分配 0.3cm，后侧分配 0.2cm；纵向放缩 1cm，取袖长档差减去袖山点的纵向放量
	F	袖口端点	横向放缩 0.3cm，大袖前侧取 0.3cm 横向放量；纵向放缩 1cm，取袖长档差减去袖山点的纵向放量

续表

裁片	放码点	点的名称	放码依据和说明
小袖	A	基准点	基准点保持不变
	B	袖缝端点	横向放缩 0.3cm，取小袖袖肥档差的一半；纵向放缩 0.2cm，与大袖袖片上点 D 纵向放量相同
	C	袖缝端点	横向放缩 0.3cm，取小袖袖肥档差的一半；纵向放缩 0.1cm，与大袖袖片上点 C 纵向放量相同
	D	袖口端点	横向放缩 0.3cm，袖口档差为 1cm，大小袖片各分配 0.5cm，其中小袖前侧分配 0.3cm，后侧分配 0.2cm；纵向放缩 1cm，取袖长档差减去袖山点的纵向放量
	E	袖口端点	横向放缩 0.2cm，小袖后侧取 0.2cm 横向放量；纵向放缩 1cm，取袖长档差减去袖山点的纵向放量

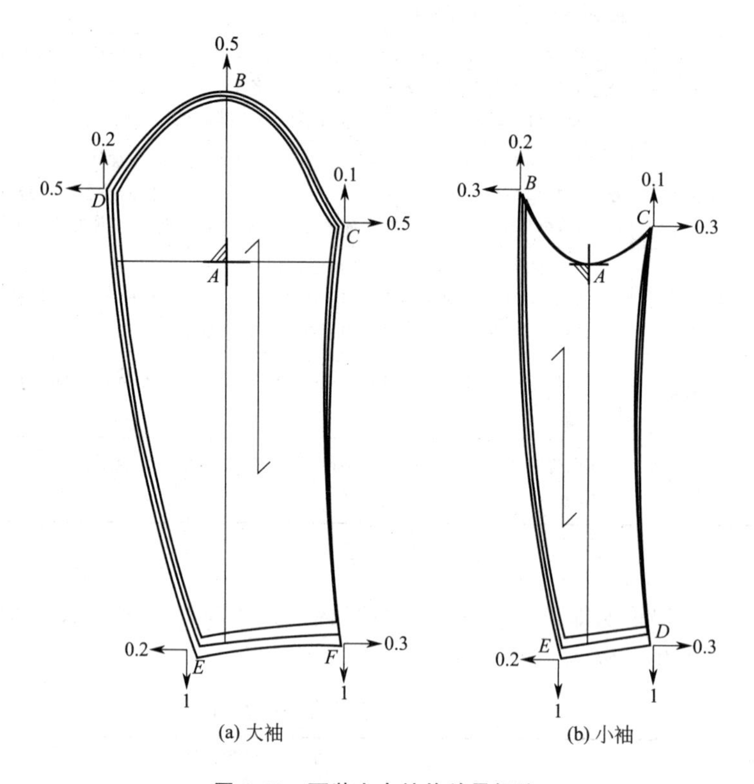

图 5-30　西装上衣袖片放量标注

5. 里片

西装上衣里片放码说明如表 5-26 所示，其放量标注如图 5-31 所示，放码说明表中放码点代号与放量标注图中相对应。

表 5-26　西装上衣里片放码说明

裁片	放码点	点的名称	放码依据和说明
后里片	A	基准点	基准点保持不变
	B	后横开领点	横向放缩 0.2cm，取领围档差的 1/5；纵向放缩 0.6cm，取人体胸围线以上部分档差
	C	后中领点	横向保持不变，因其在横向坐标中与基准点位置一致；纵向放缩 0.6cm，与后横开领点纵向放量相同

续表

裁片	放码点	点的名称	放码依据和说明
后里片	D	肩端点	横向放缩0.5cm，取单边肩宽的档差，即总肩宽的一半；纵向放缩0.5cm，取后横开领点的纵向放量减去0.1cm的调整量，使衣片肩斜与人体肩斜变化相符合
	E	侧缝胸点	横向放缩1cm，取单个后片的胸围档差；纵向保持不变，因其在纵向坐标中与基准点处于同一位置
	F	侧缝腰点	横向放缩1cm，取单个后片的腰围档差；纵向放缩0.4cm，取单个后片腰围档差减去后横开领点的纵向放量
	G	侧缝摆点	横向放缩1cm，取单个后片的摆围档差；纵向放缩1cm，取衣长档差减去后横开领点的纵向放量
	H	后中摆点	横向保持不变，因其在横向坐标中与基准点处于同一位置；纵向放缩1cm，取衣长档差减去后横开领点的纵向放量
	I	后中腰点	横向保持不变，因其在横向坐标中与基准点处于同一位置；纵向放缩0.4cm，与点F的纵向放量相同
	J	腰省上尖点	横向放缩0.5cm，取E点横向放量的一半；纵向保持不变，因其在纵向坐标中与基准点基本处于同一位置
	K	腰省位置点	横向放缩0.5cm，取F点横向放量的一半；纵向放缩0.4cm，与点F相同
	L	腰省下尖点	横向放缩0.5cm，取G点横向放量的一半；纵向放缩0.8cm，根据其与G点的纵向位置比例关系，给予其G点纵向放量的4/5
前里片	A	基准点	基准点保持不变
	B	挂面前片点	与衣身前片前横开领点放量相同
	C	肩端点	横向放缩0.5cm，取单边肩宽档差；纵向放缩0.5cm，取前横开领点的纵向放量减去0.1cm的调整量，使衣片肩斜与人体肩斜变化相符合
	D	侧缝胸点	横向放缩1cm，因挂面上没有分配胸点位置的横向放量，故此处取单个前片的胸围档差；纵向保持不变，因其在纵向坐标中与基准点处于同一位置
	E	侧缝腰点	横向放缩1cm，因挂面上没有分配腰点位置的横向放量，故此处取单个前片的腰围档差；纵向放缩0.4cm，取单个前片腰围档差减去B点的纵向放量
	F	侧缝摆点	横向放缩1cm，因挂面上没有分配摆点位置的横向放量，故此处取单个前片的摆围档差；纵向放缩1cm，取衣长档差减去B点的纵向放量
	G	前侧摆点	横向保持不变，因其在横向坐标中与基准点处于同一位置；纵向放缩1cm，取衣长档差减去B点的纵向放量
	H	前侧腰点	横向保持不变，因其在横向坐标中与基准点处于同一位置；纵向放缩0.4cm，取单个前片腰围档差减去B点的纵向放量
	I	腰省上尖点	横向放缩0.5cm，取D点横向放量的一半；纵向保持不变，因其在纵向坐标中与基准点处于同一位置
	J	腰省位置点	横向放缩0.5cm，取E点横向放量的一半；纵向放缩0.4cm，取点E的纵向放量
	K	腰省下尖点	横向放缩0.5cm，取F点横向放量的一半；纵向放缩0.8cm，取点F纵向放量的4/5

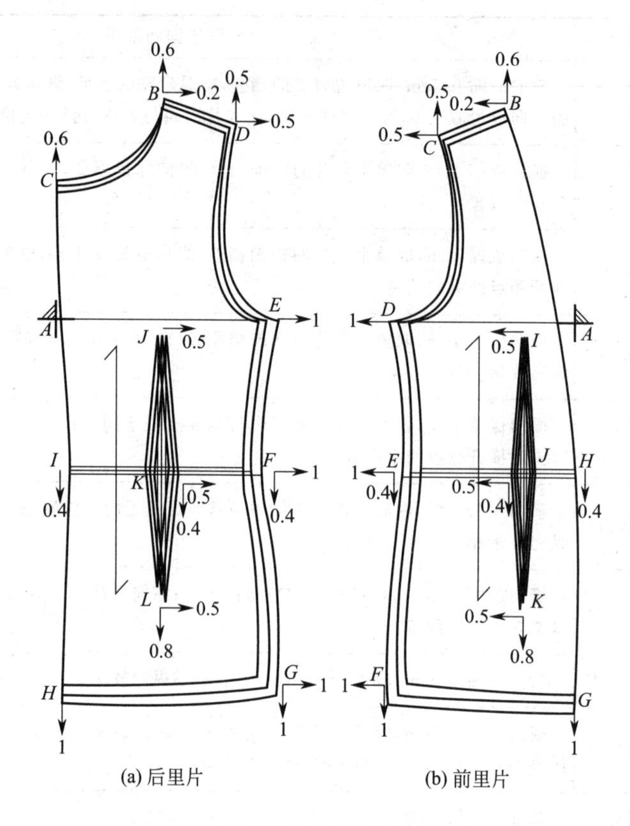

图 5-31　西装上衣里片放量标注

6. 零部件

西装上衣零部件放码说明如表 5-27 所示，其放量标注如图 5-32 所示，放码说明表中放码点代号与放量标注图中相对应。

表 5-27　西服上衣零部件放码说明

裁片	放码点	点的名称	放码依据和说明
后贴片	—	—	横向放缩 0.2cm，取领围档差的 1/5
袋布	—	—	横向放缩 0.5cm，取袋宽档差 0.5cm
袋唇	—	—	横向放缩 0.5cm，取袋宽档差 0.5cm
领面	—	—	领端点横向放缩 0.5cm，取领围档差的一半；下端点横向放缩 0.3cm，根据其横向位置，在领端点横向放量的基础上减去 0.2cm
领座	—	—	横向放缩 0.3cm，取领面下端点的横向放量
领里	—	—	领里端点横向放缩 0.5cm，取领围档差的一半；领里下端点横向放缩 0.3cm，根据其横向位置，在领端点横向放量的基础上减去 0.2cm
袋盖	—	—	横向放缩 0.5cm，取袋宽档差 0.5cm
袋垫布	—	—	横向放缩 0.5cm，取袋宽档差 0.5cm

续表

裁片	放码点	点的名称	放码依据和说明
挂面	A	基准点	基准点保持不变
	B	前横开领点	横向放缩 0.2cm，取领围档差的 1/5；纵向放缩 0.6cm，取人体胸围线以上部分档差
	C	挂面侧缝点	因与 B 点位置相近，取相同放量
	D	领折点	横向放缩 0.2cm，取点 B 的横向放量；纵向放缩 0.4cm，根据其与 B 点的纵向位置比例关系，给予其 B 点纵向放量的 2/3
	E	驳领尖点	横向保持不变，因其在横向坐标中的位置与基准点相差很小；纵向放缩 0.4cm，与 D 点纵向放量相同
	F	驳止点	横向不做放缩，将横向放量放在前里片中；纵向放缩 0.4cm，取单个腰围档差减去 B 点的纵向放量
	G	挂面下端点	横向不做放缩，将横向放量放在前里片中；纵向放缩 1cm，取衣长档差减去 B 点的纵向放量
	H	挂面下端点	横向不做放缩，将横向放量放在前里片中；纵向放缩 1cm，取衣长档差减去 B 点的纵向放量

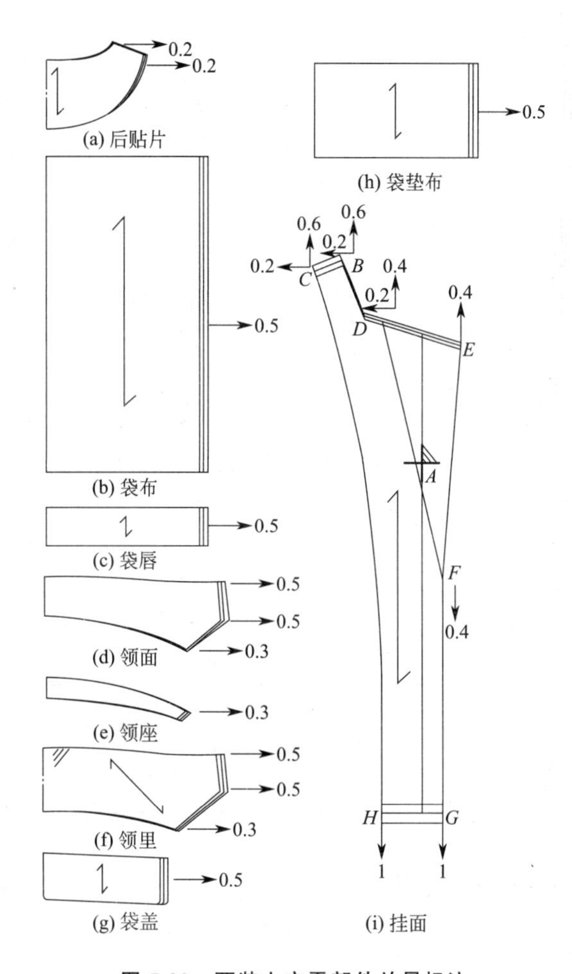

图 5-32　西装上衣零部件放量标注

第八节　旗袍放码

一、旗袍款式

款式特点：经典旗袍，斜襟四粒扣，简单优雅。

旗袍款式如图 5-33 所示。

图 5-33　旗袍款式

二、旗袍规格

旗袍规格见表 5-28。

表 5-28　旗袍规格　　单位：cm

部位	衣长	胸围	前胸宽	后背宽	腰围	摆围	肩宽	袖长	袖口	领围
尺寸	120	90	17.1	18.1	73	95	37	18	30	38
档差	3	4	1	1	4	4	1	0.5	1.6	1

三、旗袍放码说明和放量标注

1. 前片

在此款服装纸样中，衣身前片被结构线分为两个部分。在放码过程中，依然可以使用同一基准点进行放码，本例中取前中腰点（图 5-34 中点 A）为统一基准点，对前片进行放码。旗袍前片放码说明如表 5-29 所示，其放量标注如图 5-34 所示，放码说明表中放码点代号与放量标注图中相对应。

表 5-29　旗袍前片放码说明

裁片	放码点	点的名称	放码依据和说明
前片	A	基准点	基准点保持不变
	B	前横开领点	横向放缩 0.2cm，取领围档差的 1/5；纵向放缩 1cm，取单个前片腰围档差
	C	前横开领点	与点 B 相同
	D	左肩端点	横向放缩 0.5cm，取单边肩宽的档差，即总肩宽的一半；纵向放缩 0.9cm，取前横开领点的纵向放量减去 0.1cm 的调整量，使衣片肩斜与人体肩斜变化相符合
	E	右肩端点	与点 D 相同
	F	前中领点	横向保持不变，因其与基准点在横向坐标中处于同一位置；纵向放缩 0.8cm，取前横开领点纵向放量减去 1/5 领围
	G	小片前中领点	横向保持不变，因其与基准点在横向坐标中处于同一位置；纵向放缩 0.8cm，取前横开领点纵向放量减去 1/5 领围
	H	小片贴片端点	与点 G 相同
	I	侧缝胸点	横向放缩 1cm，取前片胸围档差的一半；纵向放缩 0.4cm，取前横开领点纵向放量减去人体胸围线以上部分纵向档差，即 1cm－0.6cm＝0.4cm
	J	侧缝胸点	与点 I 相同
	K	结构线端点	与点 N 相同
	L	胸省位置点	与点 J 相同
	M	结构线端点	与点 K 相同
	N	侧缝腰点	横向放缩 1cm，取前片腰围档差的一半；纵向保持不变，因其在纵向坐标中与基准点处于同一位置
	O	侧缝腰点	与点 N 相同
	P	侧缝臀点	横向放缩 1cm，取前片臀围档差的一半；纵向放缩 0.6cm，取腰长的档差
	Q	侧缝臀点	与点 P 相同
	R	侧缝摆点	横向放缩 1cm，取前片摆围档差的一半；纵向放缩 2cm，取衣长档差减去前横开领点的纵向放量
	S	侧缝摆点	与点 R 相同
	T	腰省尖点	横向放缩 0.5cm，取侧缝胸点横向放量的一半；纵向放缩 0.4cm，取侧缝胸点的纵向放量
	U	腰省尖点	横向放缩 0.5cm，取侧缝臀点横向放量的一半；纵向放缩 0.4cm，取点 T 的纵向放量
	V	腰省位置点	横向放缩 0.5cm，取侧缝腰点横向放量的一半；纵向保持不变，因其在纵向坐标中与基准点位置相同
	W	腰省尖点	与点 T 相同
	X	腰省尖点	与点 U 相同
	Y	腰省位置点	与点 V 相同
	Z	胸省尖点	横向放缩 0.5cm，取侧缝胸点横向放量的一半；纵向放缩 0.4cm，与侧缝胸点的纵向放量相同

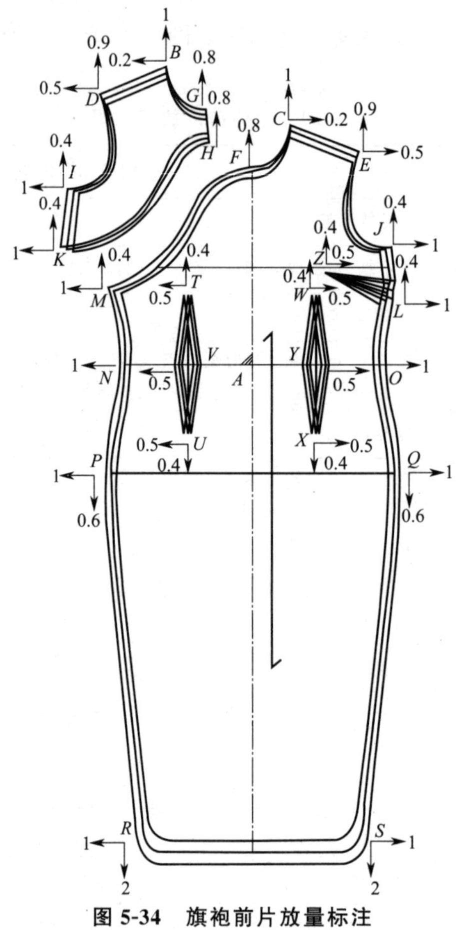

图 5-34　旗袍前片放量标注

2. 后片

旗袍后片放码说明如表 5-30 所示，其放量标注如图 5-35 所示，放码说明表中放码点代号与放量标注图中相对应。

表 5-30　旗袍后片放码说明

裁片	放码点	点的名称	放码依据和说明
后片	A	基准点	基准点保持不变
	B	后横开领点	横向放缩 0.2cm，取领围档差的 1/5；纵向放缩 1cm，取单个后片腰围档差
	C	后中领点	横向保持不变，因其与基准点在横向坐标中处于同一位置；纵向放缩 1cm，取后横开领点的纵向放量
	D	肩端点	横向放缩 0.5cm，取肩宽档差 1/4；纵向放缩 0.9cm，取后横开领点的纵向放量减去 0.1cm 的调整量，使衣片肩斜与人体肩斜变化相符合
	E	侧缝胸点	横向放缩 1cm，取后片胸围档差的一半；纵向放缩 0.4cm，根据比例关系，取 B 点纵向放量的 2/5
	F	侧缝腰点	横向放缩 1cm，取后片腰围档差的一半；纵向保持不变，因其在纵向坐标中与基准点处于同一位置
	G	侧缝臀点	横向放缩 1cm，取臀围档差的 1/4；纵向放缩 0.6cm，取腰长的档差
	H	侧缝摆点	横向放缩 1cm，取后片摆围档差的一半；纵向放缩 2cm，取衣长档差减去后横开领点的纵向放量
	I	后中摆点	横向保持不变，因其在横向坐标中的位置与基准点相同；纵向放缩 2cm，与点 H 的纵向放量相同
	J	腰省尖点	横向放缩 0.5cm，取侧缝胸点横向放量的一半；纵向放缩 0.4cm，与侧缝胸点纵向放量相同
	K	腰省尖点	横向放缩 0.5cm，取侧缝臀点横向放量的一半；纵向放缩 0.4cm，与点 J 的纵向放量相同
	L	腰省位置点	横向放缩 0.5cm，取侧缝腰点横向放量的一半；纵向保持不变，因其在纵向坐标中的位置与基准点相同

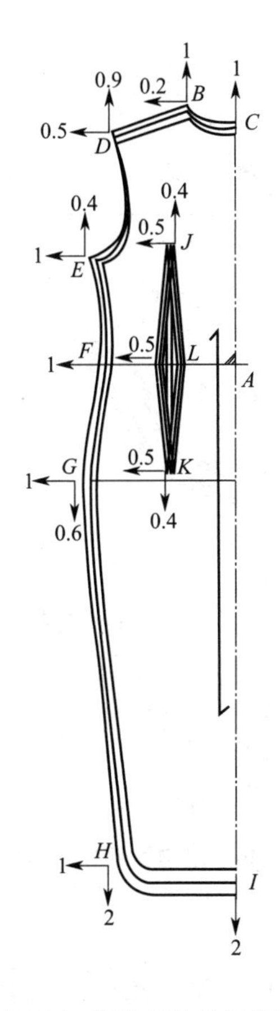

图 5-35　旗袍后片放量标注

3. 零部件

旗袍零部件放码说明如表 5-31 所示，其放量标注如图 5-36 所示，放码说明表中放码点代号与放量标注图中相对应。

表 5-31　旗袍零部件放码说明

裁片	点的名称	放码依据和说明
领子	—	两端各放缩 0.5cm，共放缩 1cm，为领围档差
袖子	袖山点	纵向放缩 0.4cm，横向保持不变
	袖肥点	两端各放缩 0.8cm，共放缩 1.6cm，为袖肥档差
	袖口端点	横向放缩 0.8cm，取袖肥点的横向放量；纵向放缩 0.1cm，取袖长档差减去袖山高档差
小片贴片	—	左端点横向放缩 1cm，纵向放缩 0.4cm，与前片侧缝胸点相同；右端点横向不变，纵向放缩 0.8cm，与前片前中领点相同
大片贴片	—	左端点横向放缩 1cm，纵向放缩 0.4cm，与前片侧缝胸点相同；中间控制点横向不变，纵向放缩 0.8cm，与前片前中领点相同；右端点横向放缩 0.2cm，纵向放缩 1cm，与前片前横开领点相同

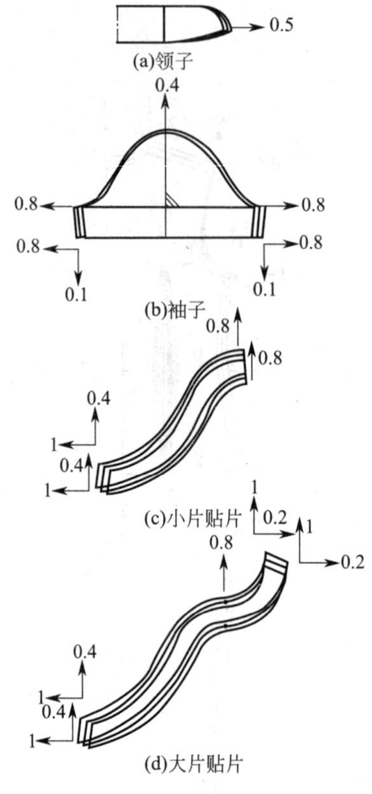

图 5-36　旗袍零部件放量标注

第九节　公主线上衣放码

一、公主线上衣款式

款式特点：五粒扣肩部公主线上衣，款式简单，适合正式场合及上班穿着。公主线上衣款式如图 5-37 所示。

图 5-37　公主线上衣款式

二、公主线上衣规格

公主线上衣规格见表 5-32。

表 5-32　公主线上衣规格　　　　单位：cm

部位	衣长	胸围	前胸宽	后背宽	腰围	摆围	肩宽	袖长	袖口	领围
尺寸	54	94	16.1	17.2	80	72	39	57	24	45
档差	1.6	4	1	1	4	4	1	1.5	1	1

三、公主线上衣放码说明和放量标注

1. 前片

在此款服装纸样中，衣身前片被公主线分为两个裁片。在放码过程中，依然可以使用同一基准点进行放码，本例中取前中胸点（图 5-38 中点 *A*）为统一基准点，对前片进行放码。公主线上衣前片放码说明如表 5-33 所示，其放量标注如图 5-38 所示，放码说明表中放码点代号与放量标注图中相对应。

表 5-33　公主线上衣前片放码说明

裁片	放码点	点的名称	放码依据和说明
前片	*A*	基准点	基准点保持不变
	B	前横开领点	横向放缩 0.2cm，取领围档差的 1/5；纵向放缩 0.6cm，取胸围线以上人体结构的档差
	C	公主线端点	横向放缩 0.3cm，取 *B* 点的横向放量外加 0.1cm 的调整量，调整量根据 *C* 点相对于 *B* 点的水平坐标位置给予；纵向放缩 0.6cm，取 *B* 点的纵向放量
	C′	公主线端点	与整个前片而言，*C* 点与 *C′* 点为同一点，最终要相互缝合，故放量相同；后文的点 *K* 与 *K′*，点 *L* 与 *L′*，点 *O* 与 *O′* 也是如此
	D	肩端点	横向放缩 0.5cm，取肩宽档差的一半；纵向放缩 0.5cm，在 *B* 点 0.6cm 纵向放量的基础上给予 0.1cm 的调整量，以符合人体肩斜的变化
	E	前中领点	横向保持不变，因其与基准点处于同一横向坐标中；纵向放缩 0.4cm，取 *B* 点的纵向放量减去 1/5 领围档差
	F	侧缝胸点	横向放缩 1cm，取单个前片的胸围档差，即 1/4 总胸围档差；纵向保持不变，因其与基准点在纵向坐标中处于同一位置
	G	胸省位置点	与点 *F* 相同
	H	侧缝腰点	横向放缩 1cm，取单个前片的腰围档差；纵向放缩 0.5cm，取衣长档差减去 *B* 点已做的纵向放量所得值的一半
	I	侧缝摆点	横向放缩 1cm，取单个前片的摆围档差；纵向放缩 1cm，取衣长档差减去 *B* 点已做的纵向放量
	J	前中摆点	横向保持不变，因其与基准点处于同一横向坐标；纵向放缩 1cm，取点 *I* 的纵向放量
	K	公主线端点	横向放缩 0.5cm，取 *I* 点横向放量的一半；纵向放缩 1cm，取点 *I* 的纵向放量
	K′	公主线端点	与点 *K* 相同
	L	腰省尖点	横向放缩 0.5cm，取点 *K* 的横向放量；纵向放缩 1cm，取点 *I* 的纵向放量
	L′	腰省尖点	与点 *L* 相同
	M	腰省位置点	横向放缩 0.5cm，取点 *H* 横向放量的一半；纵向放缩 0.5cm，取点 *K* 纵向放量的一半
	N	腰省位置点	与点 *M* 相同
	O	腰省尖点	横向放缩 0.5cm，取点 *G* 横向放量的一半；纵向保持不变，与点 *G* 的纵向放量相同
	O′	腰省尖点	与点 *O* 相同
	P	胸省尖点	横向放缩 0.5cm，取点 *F* 横向放量的一半；纵向保持不变，与点 *F* 的纵向放量相同

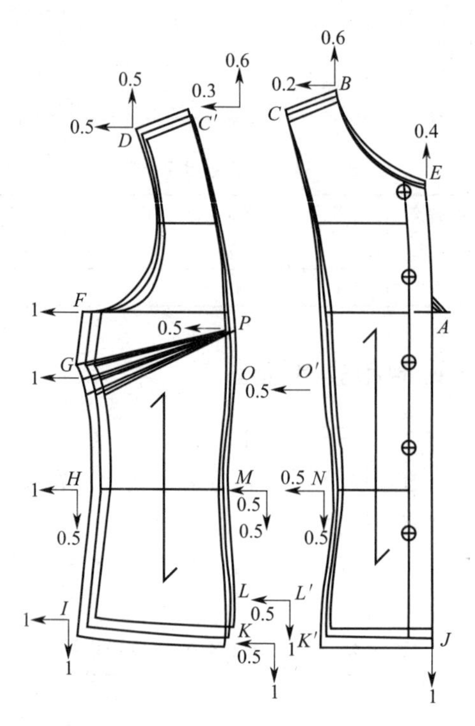

图 5-38　公主线上衣前片放量标注

2. 后片

公主线上衣后片放码说明如表 5-34 所示，其放量标注如图 5-39 所示，放码说明表中放码点代号与放量标注图中相对应。

表 5-34　公主线上衣后片放码说明

裁片	放码点	点的名称	放码依据和说明
后片	A	基准点	基准点保持不变
	B	后横开领点	横向放缩 0.2cm，取领围档差的 1/5；纵向放缩 0.6cm，取胸围线以上人体结构纵向档差
	C	公主线端点	横向放缩 0.3cm，取 B 点的横向放量外加 0.1cm 的调整量，调整量根据 C 点相对于 B 点的水平坐标位置给予；纵向放缩 0.6cm，取 B 点的纵向放量
	C'	公主线端点	与整个后片而言，C 点与 C' 点为同一点，最终要相互缝合，故放量相同；后文的点 J 与 J'，点 K 与 K'，点 N 与 N' 也是如此
	D	肩端点	横向放缩 0.5cm，取肩宽档差的一半；纵向放缩 0.5cm，在 B 点 0.6cm 纵向放量的基础上给予 0.1cm 的调整量，以符合人体肩斜的变化
	E	后中领点	横向保持不变，因其与基准点处于同一横向坐标中；纵向放缩 0.6cm，取 B 点的纵向放量
	F	侧缝胸点	横向放缩 1cm，取单个后片的胸围档差，即 1/4 总胸围档差；纵向保持不变，因其与基准点在纵向坐标中处于同一位置
	G	侧缝腰点	横向放缩 1cm，取单个后片的腰围档差；纵向放缩 0.5cm，取衣长档差减去 B 点已做纵向放量所得值的一半
	H	侧缝摆点	横向放缩 1cm，取单个后片的摆围档差；纵向放缩 1cm，取衣长档差减去 B 点已做的纵向放量
	I	后中摆点	横向保持不变，因其与基准点处于同一横向坐标；纵向放缩 1cm，取点 H 的纵向放量
	J	公主线端点	横向放缩 0.5cm，取 H 点横向放量的一半；纵向放缩 1cm，取点 H 的纵向放量
	J'	公主线端点	与点 J 相同
	K	腰省尖点	横向放缩 0.5cm，取点 J 的横向放量；纵向放缩 1cm，取点 H 的纵向放量
	K'	腰省尖点	与点 K 相同
	L	腰省位置点	横向放缩 0.5cm，取点 G 横向放量的一半；纵向放缩 0.5cm，取点 J 纵向放量的一半
	M	腰省位置点	与点 L 相同
	N	腰省尖点	横向放缩 0.5cm，取点 F 横向放量的一半；纵向保持不变
	N'	腰省尖点	与点 N 相同

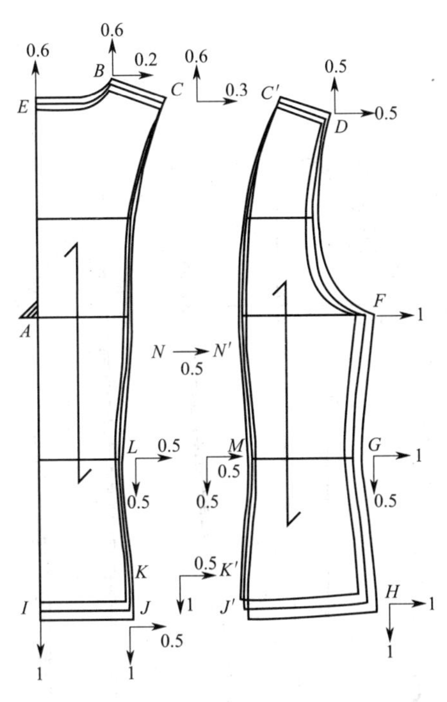

图 5-39　公主线上衣后片放量标注

3. 袖子

公主线上衣袖片放码说明如表 5-35 所示，其放量标注如图 5-40 所示，放码说明表中放码点代号与放量标注图中相对应。

表 5-35　公主线上衣袖片放码说明

裁片	放码点	点的名称	放码依据和说明
袖片	A	基准点	基准点保持不变
	B	袖山点	横向保持不变，因其在横向坐标中和基准点处于同一位置；纵向放缩 0.5cm，取袖山高档差
	C	袖山曲线控制点	横向放缩 0.4cm，取袖肥档差的 1/4；纵向放缩 0.2cm，取袖山点纵向放量的一半左右
	D	大小袖片结构点	横向放缩 0.4cm，取袖肥档差的 1/4；纵向放缩 0.2cm，取袖山点纵向放量的一半左右
	D'	大小袖片结构点	对于整个袖片而言，点 D 和 D' 为同一结构点，故放量与点 D 相同
	E	袖肥端点	横向放缩 0.8cm，取袖肥档差的一半；纵向保持不变，因其在纵向上与基准点处于同一位置
	F	袖肥端点	横向放缩 0.8cm，取袖肥档差的一半；纵向保持不变，因其在纵向上与基准点处于同一位置
	G	大小袖片结构点	横向放缩 0.4cm，取袖肥档差的 1/4；纵向保持不变，因其在纵向上与基准点处于同一位置
	G'	大小袖片结构点	与点 G 相同
	H	袖口端点	横向放缩 0.5cm，取袖口档差的一半；纵向放缩 1cm，取袖长档差减去袖山高档差
	I	袖口端点	横向放缩 0.5cm，取袖口档差的一半；纵向放缩 1cm，取袖长档差减去袖山高档差
	J	大小袖片结构点	横向放缩 0.2cm，点 I 横向放量的 2/5；纵向放缩 1cm，取袖长档差减去袖山高档差
	K	大小袖片结构点	横向放缩 0.2cm，点 I 横向放量的 2/5；纵向放缩 1cm，取袖长档差减去袖山高档差

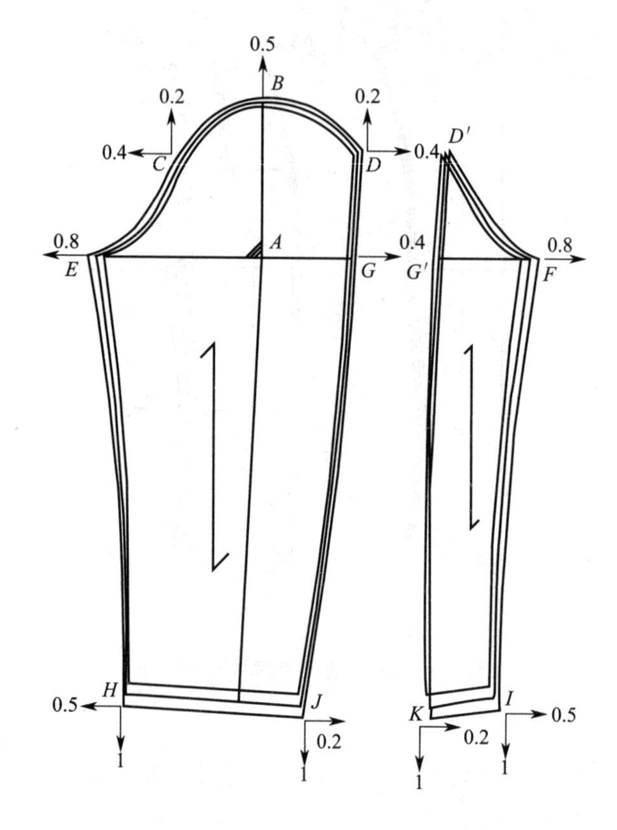

图 5-40　公主线上衣袖片放量标注

4. 领子

公主线上衣领子宽度保持不变，领围两端各放缩 0.5cm，共放缩 1cm，为领围档差，其放量标注如图 5-41 所示。

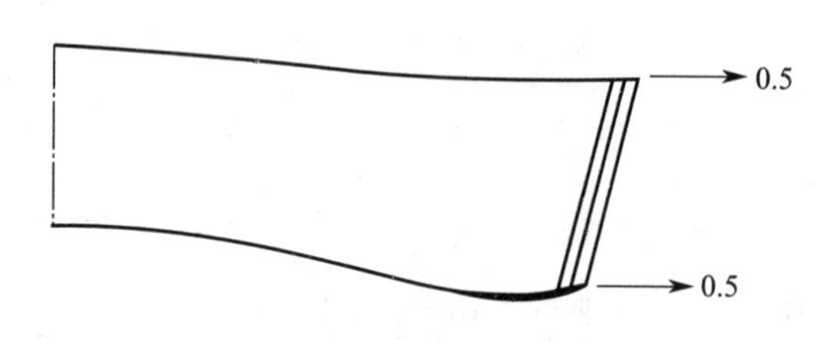

图 5-41　公主线上衣领子放量标注

第十节　连衣裙放码

一、连衣裙款式

款式特点：V 字领无袖连衣裙，前面有腋下省和胸省，后面有腰省，简单优雅。

连衣裙款式如图 5-42 所示。

图 5-42 连衣裙款式

二、连衣裙规格

连衣裙规格见表 5-36。

表 5-36 连衣裙规格 单位：cm

部位	衣长	胸围	前胸宽	后背宽	腰围	臀围	摆围	肩宽
尺寸	90	88	13.1	14	78	91	104	38
档差	3.5	4	1	1	4	4	4	1

三、连衣裙放码说明和放量标注

1. 前片

连衣裙前片放码说明如表 5-37 所示，其放量标注如图 5-43 所示，放码说明表中放码点代号与放量标注图中相对应。

表 5-37 连衣裙前片放码说明表

裁片	放码点	点的名称	放码依据和说明
前片	*A*	基准点	基准点保持不变
	B	前中吊带点	横向放缩 0.2cm，取领围档差的 1/5；纵向放缩 1cm，取背长档差
	C	侧缝吊带点	横向放缩 0.5cm，给予 0.3cm 的肩部宽度调整量；纵向放缩 1cm，取背长档差
	D	侧缝胸点	横向放缩 1cm，取单个前片的胸围档差，即 1/4 总胸围档差；纵向放缩 0.4cm，取背长档差减去胸围线以上纵向档差，即 1cm－0.6cm＝0.4cm
	E	胸省位置点	与点 *D* 相同
	F	侧缝腰点	横向放缩 1cm，取单个前片的腰围档差；纵向保持不变，因其与基准点处于同一竖直位置

续表

裁片	放码点	点的名称	放码依据和说明
前片	G	侧缝臀点	横向放缩 1cm，取单个前片臀围的档差；纵向放缩 0.6cm，取腰长档差
	H	侧缝摆点	横向放缩 1cm，取摆围档差的 1/4；纵向放缩 2.5cm，取衣长档差减去前中吊带点已经放缩的 1cm，即 3.5cm－1cm＝2.5cm
	I	前中摆点	横向保持不变，因其在横向坐标上与基准点处于同一位置；纵向放缩 2.5cm，与点 H 的纵向放量相同
	J	前中领点	横向保持不变，因其在横向坐标上与基准点处于同一位置；纵向放缩 0.8cm，根据基准点、前中领点和前中吊带点在纵向坐标上的位置比例关系，取前中吊带点纵向放量的 4/5，即 0.8cm
	K	胸省尖点	横向放缩 0.5cm，取单个前片胸围档差的 1/2；纵向放缩 0.4cm，与侧缝胸点纵向放量相同
	L	腰省上尖点	横向放缩 0.5cm，取单个前片胸围档差的一半；纵向放缩 0.4cm，与侧缝胸点纵向放量相同
	M	腰省下尖点	横向放缩 0.5cm，取单个前片胸围档差的一半；纵向放缩 0.4cm，与点 L 的纵向放量相同
	N	腰省位置点	横向放缩 0.5cm，取单个前片腰围档差的一半；纵向保持不变，因其与基准点在竖直方向上位置相同

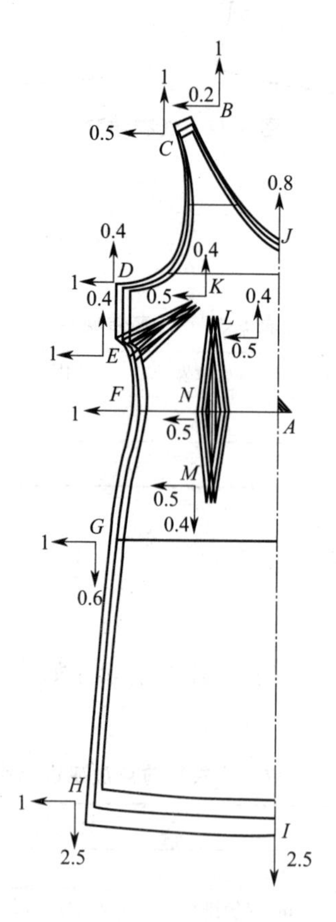

图 5-43　连衣裙前片放量标注

2. 后片

连衣裙后片放码说明如表 5-38 所示，其放量标注如图 5-44 所示，放码说明表中放码点代号与放量标注图中相对应。

表 5-38　连衣裙后片放码说明

裁片	放码点	点的名称	放码依据和说明
后片	*A*	基准点	基准点保持不变
	B	后中吊带点	横向放缩 0.2cm，取领围档差的 1/5；纵向放缩 1cm，取背长档差
	C	侧缝吊带点	横向放缩 0.5cm，给予 0.3cm 的肩部宽度调整量；纵向放缩 1cm，取背长档差
	D	侧缝胸点	横向放缩 1cm，取单个后片的胸围档差，即 1/4 总胸围档差；纵向放缩 0.4cm，取背长档差减去胸围线以上纵向档差，即 1cm－0.6cm＝0.4cm
	E	侧缝腰点	横向放缩 1cm，取单个后片的腰围档差；纵向保持不变，因其与基准点处于同一竖直位置
	F	侧缝臀点	横向放缩 1cm，取单个后片臀围的档差；纵向放缩 0.6cm，取臀长档差
	G	侧缝摆点	横向放缩 1cm，取摆围档差的 1/4；纵向放缩 2.5cm，取衣长档差减去后中吊带点已经放缩的 1cm，即 3.5cm－1cm＝2.5cm
	H	后中摆点	横向保持不变，因其在横向坐标上与基准点处于同一位置；纵向放缩 2.5cm，与点 *G* 的纵向放量相同
	I	前中领点	横向保持不变，因其在横向坐标上与基准点处于同一位置；纵向放缩 1cm，取单个后片腰围的档差
	J	腰省上尖点	横向放缩 0.5cm，取单个后片胸围档差的一半；纵向放缩 0.4cm，与侧缝胸点纵向放量相同
	K	腰省下尖点	横向放缩 0.5cm，取单个后片胸围档差的一半；纵向放缩 0.4cm，与点 *J* 的纵向放量相同
	L	腰省位置点	横向放缩 0.5cm，取单个后片腰围档差的一半；纵向保持不变，因其与基准点在竖直方向上位置相同

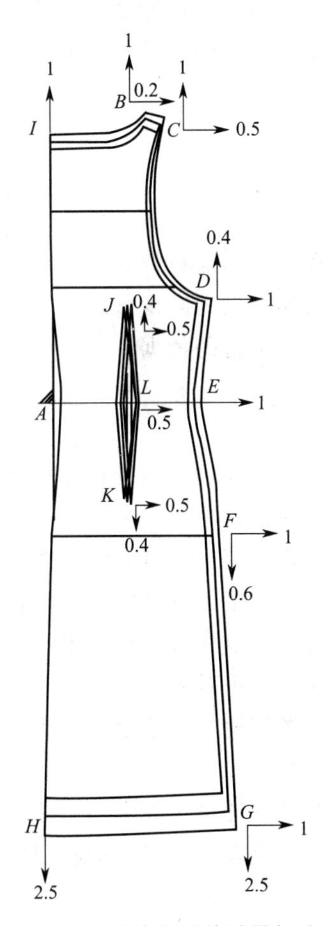

图 5-44　连衣裙后片放量标注

第六章　服装排料基本知识

第一节　服装排料概念和术语

在服装生产中，排料工序位于放码之后、裁剪之前，是将服装纸样转化为服装裁片的关键过程。一般而言，排料工作需要的是完成放缩的服装纸样和面料的幅宽，得到的是具有高面料利用率的服装排料图。根据服装排料图，裁剪师傅再将服装面料裁剪为各种规格的服装裁片。

一、服装排料的概念

服装排料也称为排版、套料，是指在满足成衣外观、裁片质量和生产工艺等要求的前提下，将各种规格的所有服装纸样在指定的面料幅宽内进行合理排列，使得所消耗面料长度最短或面积最小的面料排列方法。其能极大地减少服装生产过程中面料的消耗，降低企业的生产成本，并为辅料、裁剪等工序提供可行的依据。

二、服装排料术语

(1) 排料图　在一定幅宽面料上，经过服装排料过程所获得的服装裁片排列图纸。

(2) 面料利用率　指服装裁片面积占所使用总面料面积的百分率。

(3) 最优排料方案　通过服装排料获得的具有最高面料利用率的排料图。

(4) 对条对格　对具有条形纹理或格子纹理的面料而言，为保证成衣外观效果，成衣上相邻裁片的纹理必须对齐。对条对格即指在排料过程中，事先规划好各裁片位置和对应的纹理，以保证缝合后成衣上相邻裁片的纹理对齐。

(5) 倒顺毛　对于动物毛皮或者其他具有毛羽方向的面料而言，为保证成衣外观效果，成衣各裁片上的毛羽方向应统一协调。

(6) 多排与漏排　多排和漏排都是排料过程中的一种技术失误。多排是指在排料时，因失误使某一服装裁片的排料数量超过成衣需求量，如将仅需要 2 个口袋的裁片排列了 3 次。漏排是指因失误使某一服装裁片的排料数量未达到成衣需求量，如将需要 2 个口袋的裁片只排列了一次。

（7）人工排料　人工排料是指排料人员完全依靠个人经验，尽可能紧凑、合理地排列各种裁片，对服装裁片进行排料的过程。

（8）交互排料　交互排料是指排料人员借助计算机辅助系统，结合自身实践经验对服装裁片进行排料的过程。

（9）自动排料　自动排料是指排料人员通过对计算机辅助系统设定参数，完全借助计算机完成裁片排料的过程。

第二节　用料计算方法

控制生产成本是企业保持生命力的重要方式，对于服装企业也是如此。在服装生产成本中，面料费用占据着不可忽视的地位，其对服装报价影响重大。要快速计算出服装的面料成本，就必须能根据服装的款式结构迅速计算出服装用料。本节主要介绍服装用料计算的常见方法。

一、服装面料单耗的计算方法

不同面料具有不同的特性，计算方法不尽相同。在实际工业生产中，可将其大致分为梭织面料和针织面料两种，下面依次介绍用料计算方法。

1. 梭织物用料计算方法

（1）经验法　依据常年的工作经验，对比以往的服装款式，对常规款式的服装耗料直接进行经验判断。这种判断方式在很多公司沿用至今，其要求报价人员具有丰富的经验积累，报价速度快。但是，由于服装款式的增加和流行更替的加速，此法计算的面料单耗误差较大，仅适用于常规款式和常规面料。

（2）排料核算法　越来越多的公司通过打板、排料工序，在获得较为准确的面料单耗之后，再对订单进行准确报价，对于品牌公司也是如此。通过此法可以获得精确的面料单耗，但是由于打板和排料的时间消耗，预算周期也会延长。

（3）规格计算法　采用经验公式计算，得出单件服装所消耗的面料面积，再除以面料的幅宽，得出单件服装消耗的面料长度。此法计算速度快，无需打板和排料，但容易错漏，误差较大。服装上衣单耗面积的常用公式为：

服装上衣单耗面积＝(上衣身长＋缝份或握边)×(胸围＋缝份)＋(袖长＋缝份或握边)×(袖围＋缝份)×2＋服装零部件面积

裤子用料单耗计算公式（面料幅宽 144cm）为：

臀围≤120cm，裤长＋10cm；

臀围＞120cm，1.5×裤长。

2. 针织物用料计算方法

针织物服装用料计算时常采用面积和重量两种计量方法，排料时遵循分段计算的原则，不同部件在不同幅宽的面料上分开排料，必须单独计算各自的用料面积或重量，之后相加得出单件服装总用料。

（1）用料分段计算法

① 主料计算方法　服装单耗(m^2/件)＝(面料幅宽×面料段长)÷ 单个段长内排放的服

装件数 ×(1+耗损率)

② 辅料计算方法　由于针织面料弹性好，故对于特定面料的长度不好计量，难以量取针织面料的面积，企业一般通过罗纹加工机针数及所用纱线品种作为计算依据，确定每平方米的干燥重量，计算服装单耗长度和重量。

如：领口的罗纹长度=(领口罗纹规格+0.75cm 缝耗+0.75cm 回缩)×2 层

③ 服装成衣单耗计算　服装成衣单耗=总主料消耗+总辅料消耗(包括生产过程中的耗损和缝耗)

(2) 针织服装用料计算公式

① 上衣用料计算公式：

衣身用料=(胸围+6cm)×(身长+6cm)×2×克重×(1+总耗损)

袖子用料=(挂肩+袖口+4cm)×(袖长+4cm)×2×克重×(1+总耗损)

领子用料=(领宽×2+2cm)×领高×2×克重×(1+总耗损)

② 裤子用料计算公式：

(臀围+4cm)×(裤长+8cm)×2×克重×(1+总耗损)

二、服装面料单耗的平方估算

除上述方法外，还可以通过平方估算法来计算服装面料的单耗，即将服装的总用料消耗，拆分为每个裁片来单独计算，再将单个裁片近似为矩形来计算其用料消耗。计算方法如下：

前片用料长度=[(1/2 胸围+1/2 下摆)/2+前片的左右缝份]×(前片长+上下缝份)/面料幅宽

后片用料长度=[(1/2 胸围+1/2 下摆)/2+后片的左右缝份]×(后片长+上下缝份)/面料幅宽

袖子用料长度=[(袖肥+袖口)/2+袖片左右缝份]×(袖长+上下缝份)/面料幅宽

领子用料长度=(领长×领宽)/面料幅宽

挂面用料长度=挂面宽×挂面长/面料幅宽

服装成衣总用料长度=(前衣×2+后身+袖子×2+领子×2+挂面×2)×1.03+损耗，其中，1.03 为经验系数，用于补充衣片缝份对面料的消耗。

第三节　制订裁剪方案

在服装生产中，一批服装往往具有多种规格，每种规格具有不同的生产数量。为了节省面料，往往采用大小规格套排来提高面料的利用率。正因如此，在排料之前必须先制订裁剪方案，确定哪些规格的服装能够放在一起进行套排。本节将介绍如何制订裁剪方案，确定分床计划。

一、基本概念

裁剪方案是指以保证产品质量和降低面料消耗为目的，对订单中不同规格服装的数量和颜色进行合理安排，确定最佳的裁床作业方案。

裁剪方案主要包括以下几个方面内容：

（1）床数　确定所有规格的服装应该分几个裁床进行裁剪；

（2）层数　每个裁床铺几层面料；

（3）号型搭配　同一裁床上排哪些规格的服装，这将对最后如何排料产生重要影响；

（4）件数　每种规格的服装排几件。为了充分利用裁床、提高面料利用率和提高裁剪效率，有时会将某一规格的服装在一个裁床上编排多件。

假设现有某生产任务，要求生产S号服装300件、M号服装500件、L号服装300件，在排料之前必须根据企业自身的生产条件，分析制订裁剪方案。裁剪方案的缺失或者不当，将会导致裁剪过程的盲目和人力、物力的浪费，还会影响订单的进程。

由此可见，合理地制订裁剪方案是进行排料和其他后续工序的基础，裁剪方案通常会为各工序提供生产依据。

二、确定原则

对于服装生产而言，在保证产品质量的前提下，提高生产效率、节约生产成本始终是企业不变的追求，对于裁剪方案的确定也是如此。但是，所有的一切都是基于企业当前所具有的生产条件。在裁剪方案的确定原则中，最重要的一点就是依据面料的特点、设备的特点、加工能力的特点等确定出最佳的裁剪方案。具体来说，确定裁剪方案应该遵循以下原则。

1. 符合生产条件

（1）确定铺料层数　决定铺料层数的因素主要有以下几个方面：

① 面料的厚度　面料的厚度是影响铺料层数的最主要因素。无论采用何种加工设备，总会存在加工能力的极限：在此因素的限制下，面料越薄，铺料的层数就越多；面料越厚，铺料的层数就越少。

② 裁剪设备的加工能力　各种裁剪设备都具有最大的加工能力，一般而言，最大铺料层数 $N_{max}=(L-4cm)/H$。其中，L 为裁刀的长度，H 为每层面料的厚度。

③ 面料的性能　面料的性能决定了面料加工过程中应遵循的一些原则。在裁剪过程中，刀片与面料快速摩擦，产生大量热量，耐热性好的面料铺料层数更多；表面光滑和轻薄柔软的材料在走刀过程中容易相互错位，造成衣片变形，此类面料在裁剪过程中应减少铺料层数，并使用面料夹固定面料。根据不同的面料性能，合理确定最大的铺料层数是确定裁剪方案的重要环节。

④ 服装的档次　铺料层数的增多，单次裁剪厚度的增加，势必会增加衣片的变形程度。所以，适当减少铺料层数，将会增加衣片的裁剪质量，这在高级成衣制作过程中非常重要。

⑤ 员工的水平　铺料厚度的增加也会给裁剪带来阻碍，增加推刀难度。若推刀工人水平不佳，可能会导致衣片质量下降。故推刀工人水平越低，铺料层数应越少。

（2）确定铺料长度　铺料长度将影响铺料层数、作业效率和面料利用率。在不考虑面料和设备限制的情况下，铺料长度较短将会导致铺料层数的增加，较短的铺料长度将会使裁剪更加方便，但不利于提高面料利用率，并且厚度超过一定量之后会影响裁剪精度；铺料长度较长，则套排的规格件数增多，有利于更加合理地排料，提高面料的利用率。但是，长度达到一定量以后面料的利用率也会回落，并且降低铺料的质量和效率，增加人员的投入。一般而言，铺料的长度还会受以下客观因素影响。

① 裁床的长度　铺料的长度不能超过裁床的长度，具体铺料长度应根据订单的规格和数量来确定。

② 面料的因素　若某种颜色的面料少，则应适当缩短其铺料长度，增加其铺料层数；若单件服装用料较少，应增加铺料长度，将其套排多件，以提高面料利用率；若布匹长度较短，则应缩短铺料长度，减少布匹的衔接。

③ 员工的配备　铺料长度越长，则需要更多的员工进行操作；配备的员工少，则应减少铺料长度，保证铺料的质量和效率。

2. 提高生产效率

提高生产效率就是要尽可能地节约人力、物力和时间。具体到实际生产中就是尽量减少重复劳动，充分发挥人员和设备能力，充分利用生产资料。例如，减少分床数就可以减少排料划样的工作量，避免重复劳动，提高生产效率。

3. 节约面料

不同的裁剪方案对订单的面料利用率有着显著影响。一般而言，裁剪方案中应更多地运用不同规格套排的技巧，以显著提升面料的利用率。按照订单的规格数量要求，应合理地运用大小号套排，确定合理的分床方案，这是提高生产效率和节约面料的关键。

三、确定方法

在实际生产中，应根据不同的生产订单，充分利用上述三个原则，即可确定出合理的裁剪方案。最优裁剪方案的出炉，往往是充分考虑实际生产情况后，比较各裁剪方案的特点，而筛选出综合效果最佳的裁剪方案。

1. 生产订单

生产订单是确定裁剪方案的首要依据。一般而言，生产订单主要包括号型规格、产品颜色、产品数量三个主要因素。为满足市场需求，订单中规格号型和产品颜色都可分为数量平均和差异数量两种情况。一般而言，中间号型的订单数量将会多于其他号型，这是由于我国国民体型中间体占多数的缘故；不同颜色服装的订单数量差异是由该款服装的款式特点和当下的流行趋势所决定的。不同规格的服装生产订单如表 6-1、表 6-2 所示。

表 6-1　服装生产订单的号型数量差异

号型规格 订单编号	XS	S	M	L	XL	合计/件
F66035-1 （规格数量平均）	200	200	200	200	200	1000
F66035-2 （规格数量差异）	100	200	300	200	100	900

表 6-2　服装生产订单的颜色数量差异

<table>
<tr><th colspan="2">号型规格
订单编号</th><th>XS</th><th>S</th><th>M</th><th>L</th><th>XL</th><th>合计/件</th></tr>
<tr><td rowspan="3">F66520-1
（颜色数量平均）</td><td>红色</td><td>100</td><td>200</td><td>400</td><td>300</td><td>200</td><td>1200</td></tr>
<tr><td>黄色</td><td>100</td><td>200</td><td>400</td><td>300</td><td>200</td><td>1200</td></tr>
<tr><td>蓝色</td><td>100</td><td>200</td><td>400</td><td>300</td><td>200</td><td>1200</td></tr>
<tr><td rowspan="3">F66520-2
（颜色数量差异）</td><td>红色</td><td>100</td><td>200</td><td>400</td><td>350</td><td>100</td><td>1150</td></tr>
<tr><td>黄色</td><td>100</td><td>150</td><td>350</td><td>200</td><td>100</td><td>900</td></tr>
<tr><td>蓝色</td><td>100</td><td>200</td><td>200</td><td>300</td><td>100</td><td>900</td></tr>
</table>

从表 6-1、表 6-2 可以看出，号型规格和产品颜色具有数量差异的服装订单，在确定裁剪方案时更加复杂，需要考虑的因素会更多。但与此同时，为该订单确定优秀的裁剪方案将为企业带来更多的收益。

2. 裁剪方案的表示方法

裁剪方案的表示方法见图 6-1。

如图 6-1 所示，使用单大括号将各床的裁剪方案括在一起，并将总床数记在括号左端。括号右边是每个裁床的具体裁剪方案，在单个裁床裁剪方案中，用分数的形式表示服装规格和套排件数。其中，分母表示服装的号型规格代号，分子表示该床该规格服装的套排件数。使用“＋”连接套排的各种规格服装，最后用小括号将所有规格和件数括在一起，并在右端乘以每床铺料的层数。

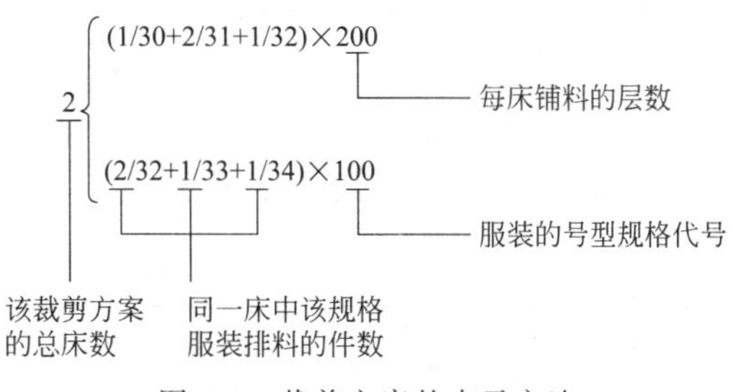

图 6-1　裁剪方案的表示方法

3. 确定裁剪方案的常用方法

确定裁剪方案并没有一成不变的方法，确定的过程应以确定原则为导向，以保证衣片质量、提高生产效率和节约生产用料为目的，结合自身的生产条件规划出最佳的裁剪方案。以下介绍的裁剪方案确定方法，只是实际生产过程中的一些经验的总结，实际方案确定过程中可以此为参考，不可受此束缚。

（1）比例法　采用比例思想是裁剪方案确定中的基本思想，即寻找订单中各规格服装数量上的比例关系，从而通过套排将其合理地安排于若干裁床之上。运用比例法的关键在于通过铺料的层数和各规格服装的订单数，寻找不同规格服装之间的最佳组合方式。以表 6-3 中的订单为例，已知该企业的生产条件最多只能铺料 200 层，最多只能套排 5 件，现分析如何确定其裁剪方案。

表 6-3　某服装生产订单

规格	36	37	38	39	40	41
件数	200	400	400	400	400	200

分析表 6-3 中数据可知各规格服装之间存在明显的比例关系，即各服装件数比例为：1∶2∶2∶2∶2∶1。结合该企业的生产条件，可将该生产任务分为 2 床进行，每床排 5 件，则可确定出如下裁床方案。

方案一：

$$2\begin{cases}(1/36+2/37+2/38)\times200\\(2/39+2/40+1/41)\times200\end{cases}$$

方案二：

$$2\begin{cases}(1/36+1/37+1/38+1/39+1/40)\times200\\(1/37+1/38+1/39+1/40+1/41)\times200\end{cases}$$

以上两种方案均符合生产条件的要求，总体来看两种方案都是分为两床进行，每床排 5 件服装。但是，在方案一中将小规格服装放在同一床，大规格服装放在另一床，这不能充分发挥套排的优势。套排不仅要将多件服装放在一起排料，而且应尽量将大小号服装放在同一床排料，这样才能最大限度地提高面料利用率。在方案二中，同样是将 5 件服装分为一床进行排料，但是其将大小号放在一起进行套排，显然这样更有利于提高面料利用率，节约面料。除此之外，在方案一中37号和38号规格服装需要在同一床上套排两件。如果使用一套纸样，则很容易造成多排、漏排，使用两套纸样则会增加制版人员的工作量，增加生产成本，降低生产效率。故综合各方面因素，最终应使用方案二作为裁剪方案。

（2）分组法　在实际生产中，订单任务中各规格的服装很有可能并不成比例，在这种情况下可考虑使用分组法进行方案确定。分组法是指通过将各规格服装进行分组，使原来不成比例的规格数量，转化为具有一定比例关系的服装分组。现以表6-4中订单任务为例，阐释分组法的使用方法。已知在该订单任务中，根据生产条件，每床最多排5件，铺料层数不能超过100层，试分析其裁剪方案。

表6-4　西装上衣生产订单

规格	31	32	33	34	35
件数	80	160	180	50	50

分析表6-4中的数据可知，各号型的服装之间不成比例关系，无法运用比例法确定裁剪方案。考虑使用分组法进行方案确定，观察数据特点，可知80件和50件是这组数据中关键的两个微单元。考虑通过数据拆分，将原订单任务划分成若干以80件和50件为单元的小组。将160件拆分为（80＋80）件，将180件拆分为（50＋50＋80）件，则原订单任务转化为表6-5中的数据关系。

表6-5　转化后的西装上衣生产订单

规格	31	32	32	33	33	33	34	35
件数	80	80	80	80	50	50	50	50

观察表6-5中数据可知各号型服装数量的比例关系为8∶8∶8∶8∶5∶5∶5∶5，可运用比例法确定裁剪方案。此时，80件和50件这两个数据微单元恰好成为两床裁片的铺料层数，最后可将其裁剪方案确定如下。

$$2\begin{cases}(1/31+2/32+1/33)\times 80\\(2/33+1/34+1/35)\times 50\end{cases}$$

（3）并床法　当某一生产订单中出现某一种或几种服装规格数量较少的情况时，这些数量较少的服装排料将会成为问题。若将其套排在其他规格数量多的裁床上，将会导致裁出多余衣片，浪费服装面料。若将其单独分床，则增加裁剪床数，会导致浪费生产资料和降低生产效率。此时，在满足生产条件的前提下，可采取并床法进行裁剪方案的确定，即将这些数量较少的若干规格与其他分床一起进行套排。这里的套排比较特殊，因为同一裁床上所铺的面料层数并不一致，如图6-2所示，右边40层即可用于较少规格服装的排料。

图6-2　并床法铺料示意

考虑表 6-6 中生产订单，根据生产条件要求，最大铺料层数不能超过 100 层，最多套排 4 件，分析其裁剪方案。

表 6-6　某批服装生产订单

规格	30	31	32	33	34
件数	40	80	100	30	30

订单中 30 号、33 号和 34 号规格数量较少，可利用并床法确定裁剪方案。利用分组法思想将 32 号规格拆分为（40＋60）件，则 32 号规格中有 40 件可与 30 号规格成组。可确定其裁剪方案如下。

$$2\begin{cases}(1/31|1/30+1/32)\times 80|40\\(1/32|1/33+1/34)\times 60|30\end{cases}$$

式中符号“|”左右两边铺料层数不同，各规格的铺料层数与符号“×”右侧“|”符号两边的数字相对应。本式的意义为，在第一床中，31 号规格铺 80 层，30 号和 32 号规格铺 40 层；在第二床中，32 号规格铺 60 层，33 号和 34 号规格铺 30 层。

4. 裁剪方案实例

考虑一混色混码订单任务的裁剪方案，订单任务如表 6-7 所示。根据生产条件，最大铺料层数为 300 层，每床最多套排 10 件服装。

表 6-7　某服装生产订单

号型规格		S	M	L	XL
件数	红	80	160	240	80
	黑	380	360	580	140
	蓝	230	210	340	80

该例较为复杂，综合运用之前介绍的方案确定方法，可确定裁剪方案如下。

$$2\begin{cases}(1/S+2/M+3/L+1/XL)\times \text{红 }80,\text{黑 }140,\text{蓝 }80\\(3/S+1/M+2/L)\times \text{黑 }80,\text{蓝 }50\end{cases}$$

第四节　排料原则与技巧

排料工序是服装工程工序设计的首要环节，是一项重要的技术性工作。排料的目的是在保证裁片质量的前提下，最大限度地提高面料利用率，尤其是在大批量服装生产中，优秀的排料方案将为企业节约大量成本。本节将介绍排料的基本原则和常用经验技巧。

一、排料的基本原则

1. 保证设计效果

在实际生产中，有时对服装纸样略做修改，就能节约大量面料。如果这种修改不会对款式设计效果产生影响，可以与技术部门协商修改，以求达到成衣效果和产品利润的最大化。如果这种修改将会显著影响成衣效果，则应以保证设计效果作为前提。

对于某些以面料的特殊设计为亮点的服装款式而言，在排料时必须充分考虑款式的特殊需求，保证所排衣片可满足成衣款式要求，如采用面料反面装饰设计、左右不对称设计、对条对格设计等，排料中应依据特殊的款式设计需求摆放衣片。

条格面料是常见的服装面料，是设计师所钟爱的服装面料之一。为保证条格服装的款式造型，对条对格是排料工序中的重要环节。要达到对条对格的效果，仅靠排料还不够，其是铺料、排料和裁剪三道工序密切配合的产物。通常对条对格的方法有两种：准确对格法和放格法。准确对格法是指在排料时，将需要对条对格的两个裁片按成衣需要的对条对格效果，在裁床上准确地摆好位置。采用这种方法时，铺料环节必须采用定位挂针，保证各层面料之间条格准确对齐。放格法是指在排料时，适当放大纸样，裁剪出比原样更大的毛样。然后，逐层对毛样进行对条对格并画好净样，裁出符合对条对格效果的净样。这种方法的对条对格效果更好，铺料时可以不采用定位针，但是不能一次裁剪成型；否则，更加费时费料，适合在高档服装排料时使用。

2. 符合工艺要求

排料的工艺要求是保证成衣质量的重要环节，无论在何种情况下，都不应为节省面料而违背排料的工艺要求。排料的工艺要求主要包括衣片的对称性、面料的方向性和面料的色差。

(1) 衣片的对称性　由于人体的对称性特点，服装衣片也往往是成组对称存在的，如上衣衣片的前片、后片和袖片，裤装的左右前片和左右后片等。在服装结构设计和制版过程中，对于具有对称性的样片，一般只会绘制和制作一片。排料时，要特别注意不能漏排且必须将样片的正、反两面各排一次，如此才能保证衣片的对称性，如图6-3所示。

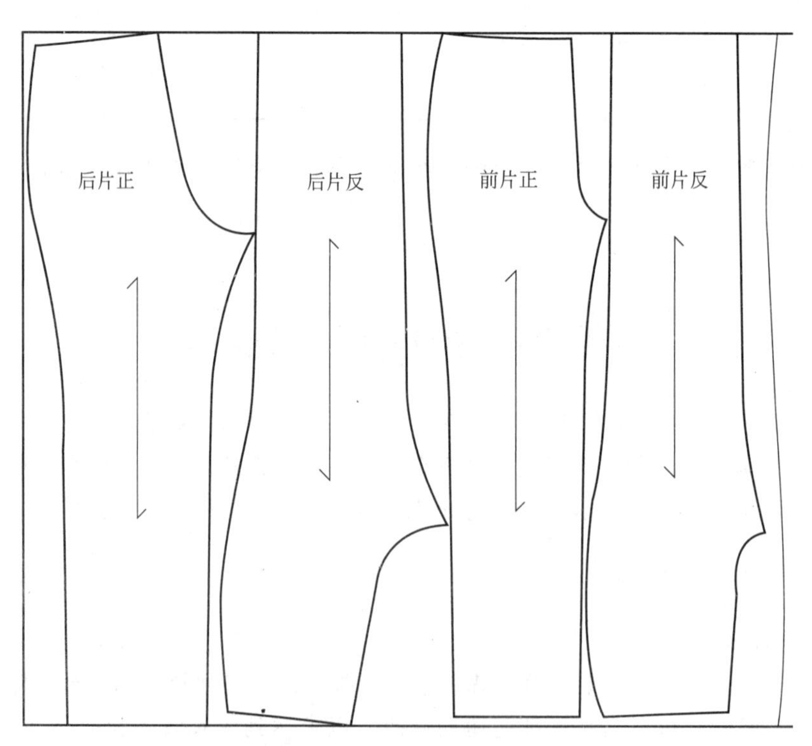

图 6-3　裤片正反排料

（2）面料的方向性

① 面料的正反　服装纸样均标有“正”“反”或“左”“右”来标识纸样。排料时，应根据面料的正反，按照标示摆放服装纸样。

② 面料的布丝方向　面料具有经纬方向之分，部分面料因布丝方向不同而表现出显著的外观差别。排料时应按照纸样标注的布丝方向摆放纸样。

③ 面料花色的方向　部分面料上的纹样具有方向性，如建筑、花草或动物等，这些纹样因人们生活常识的作用，而具有方向性；也有部分面料因设计师的特殊意图而具有特定的排列方向。排料时应保证这些纹样的方向符合款式造型的需要。

④ 面料表面的状态　部分面料表面具有毛羽，它们可以是天然毛皮，也可以是表面具有毛绒的人工面料。这些面料因表面的毛绒肌理，具有一些独特的外观效果和物理特性，如物理光泽变化、粘住灰尘和起毛起球等。排料时应考虑这些因素的影响，如在进行粗纺类毛呢面料时应顺毛排料，以保证成衣表面光泽一致，不易粘住灰尘和起球；在进行灯芯绒面料排料时，一般应倒毛排列，使其颜色更深。部分面料虽不是毛绒面料，但由于织物轧光处理，外观有倒、顺两个方向的光泽明暗差异，一般应采用逆光向上排料，以避免面料反光。需要特别注意，若非款式设计需要，单件服装不允许出现不同部件之间面料倒顺方向不一的情况。总之，排料时应充分考虑面料表面的状态对成衣的影响。

（3）面料的色差　服装的接缝处出现两个裁片具有颜色差异，服装的零部件与整体衣片具有颜色差异等是常见的色差现象。成衣上出现色差将会极大影响服装的成衣效果，给企业带来经济损失和负面影响。为了减少色差现象的出现，在排料时应坚持相互缝合的衣片就近排列的原则。对于具有边色差的面料，应尽量将同一件衣服排列在同一侧；对于多段色差的面料，在排料时应尽量缩小纵向距离，避免排料图过长，减少色差出现的可能。从成衣效果来看，应首先保证视觉中心区域的颜色统一，将具有色差的面料尽量排在贴边、贴袋或者领里等部位隐藏起来，这样将有利于提高成衣品质。

3. 节约生产用料

提高面料利用率，节约面料，是排料的基本目的之一。面料的利用率主要受两方面因素影响：一是面料或服装所固有的特性，如面料种类、幅宽和服装款式要求等，这类因素所造成的面料浪费是无法避免的；二是排料技术对面料利用率的影响，这也是实际生产中的影响因素，还是企业减少面料浪费，提高面料利用率的主要方式。

二、排料技巧

快速合理地完成排料工序需要长期的经验积累，这里介绍一些基本的排料技巧，有助于初学者快速掌握排料的基本要领。一般来说，以下技巧将有助于提高面料利用率和快速合理完成排料工序。

1. 先长后短，先大后小

在实际排料过程中，面料的幅宽是一定的，节约面料也就是要尽可能减少所消耗面料的长度。长纸样对消耗面料影响较大，所以应先排长纸样。与此类似，应该先排大纸样，后排小纸样。先排大纸样可将整个排料的基本格局定下来，再将小纸样填到大纸样之间的空隙中。如果空隙不足以排下小纸样，再考虑往后排小纸样，这样有利于提高面料的利用率。如图 6-4 所示，首先将序号为①的大片位置确定好，再将序号为②的小长片插入大片缝隙中，最后将序号为③的小裁片插入空余缝隙中。

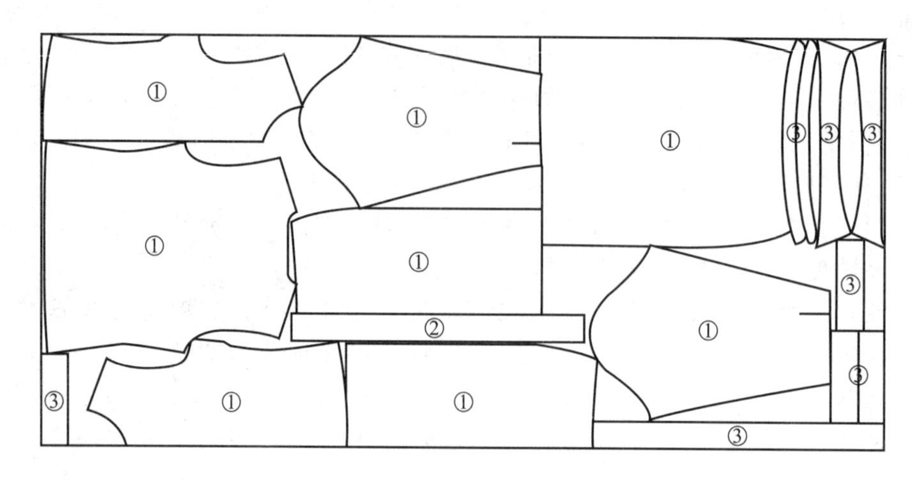

图 6-4　套排排料顺序

2. 先主后次，合理拼接

排料时应优先排列处于视觉中心位置的裁片和裸露在外的裁片，之后再排列人们不易看见的裁片，如先排列袋面、领面等裁片，再排列挂面、领里、袋布等裁片。若在排完主要裁片后，次要裁片剩余排料空间不足，可使用拼接的方法利用两个较小空隙完成次要裁片的排料。此法能进一步提高面料的利用率，但应以不影响成衣的美观为前提。同时，拼接面料会增加缝合工序的工作量，在用料量相同的情况下应尽量避免拼接。如图 6-5 所示，为某款大衣里料排料，铺料为折叠双层，排料过程中先将前片①、后片②排好，再排袖片③，最后排领里④。由于领里被面料遮挡，不会影响美观，可利用面料缝隙进行拼接。

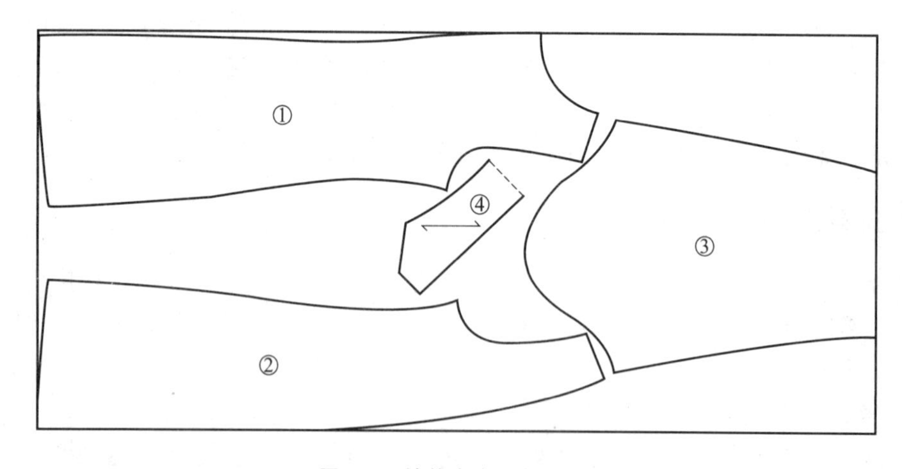

图 6-5　某款大衣里料排料

3. 弯弧相靠，凹凸互补

在排料时应充分利用纸样中形状相似或互补的轮廓线，以此实现服装纸样之间相互咬合，提高面料利用率。如将前后裤片侧缝颠倒后相互靠拢、翻领上下口形状近似的弯弧相互靠拢等。当纸样之间出现不可避免的空隙时，可将具有凹口的纸样相对排列，使其形成更大缝隙，这样就可在缝隙中排列其他较小的纸样。例如，将前后片的袖窿弧线相对排列，使其出现较大的空隙，然后在空隙中排列袖口等。如图 6-6 所示，裁片①、②、③、④的邻边应用弯弧相靠远离，并形成一个凹口，再运用凹凸互补将裁片⑤插入凹口中。

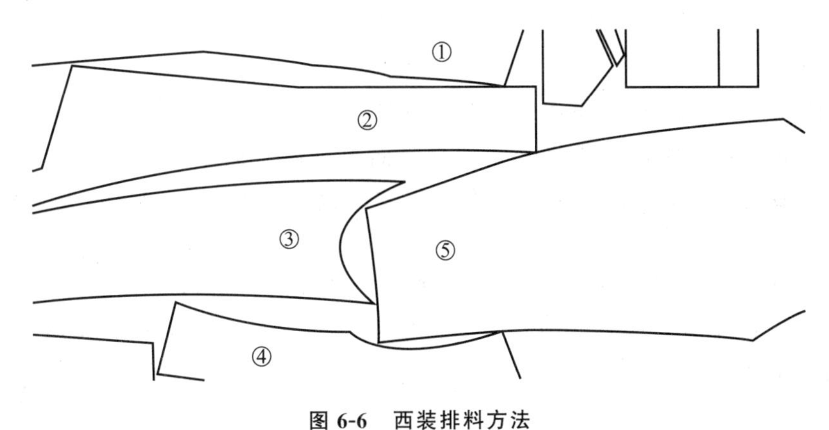

图 6-6　西装排料方法

4. 精密排料，紧密套排

精密排料是指在排料过程中，排列靠近的纸样在不影响规格和裁剪质量的前提下，应尽量排得靠近。在适当情况下，靠近的纸样可共用一条轮廓线，这样在画样和裁剪时可一次完成，提高生产效率。为使纸样之间排列得更加紧凑，排料时可将大、中、小号服装进行混排。这样就有更多的大小不一、形状相似的纸样可供排列，从而创造出更多的直对直、斜对斜、凹对凸的紧密排列机会。如图 6-7 所示，衬衫与直筒裙进行套排，有效地提高了面料使用率。

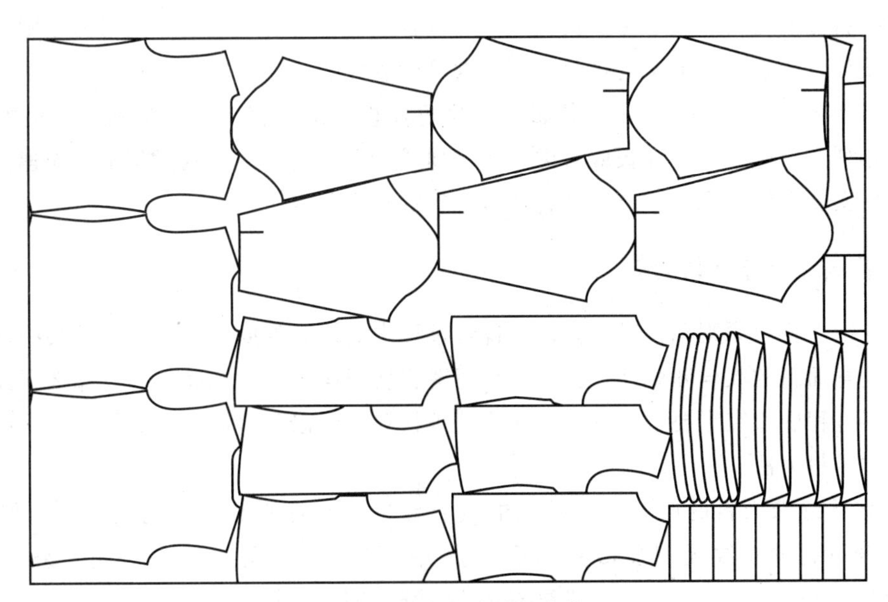

图 6-7　衬衫与直筒裙套排

第五节　排料方法

一、一般面料排料方法

通常情况下，在排料过程中，依据服装的款式特点和面料特性，首先应确定样板排列的方向性，然后依照前文介绍的排料原则和技巧对服装样板进行合理排列即可。

1. 确定排料方向

（1）单向排料　单向排料即裁床上排列的所有样板均朝同一方向。这种排料方式能减少布丝方向的差异，给面料带来外观差异，而提高成衣的品质；但是，其增加了对样板排列方式的限制，降低了面料利用效率。该方法只在布纹方向明显以及面料纹样限制的条件下使用。

（2）双向排料　双向排料是指样板在裁床上排列时，可以任意朝向一方或相对的一方，一般为面料经向上相对的两个方向。这种方法常见于外观具有对称性的面料上，布丝方向的差异在对面料外观不造成影响的情况下，更有利于进一步提高面料的利用率。

（3）分向排料　分向排料是指在排料过程中，将某些号型的所有样板朝向一方，其余号型的样板朝向另一方。此种排料方法适用于某些特定场合，面料的利用率介于单向排料和双向排料之间。

（4）自由排料　自由排料是指在排料时，样板在裁床上的排列方向对成衣外观不产生影响，样板可以任意方向自由排列。此种排料方法多用于没有布纹的非织造布面料，其较其他排料方法具有最高的面料利用率。

2. 合理排列样板

确定排料方向之后，应以保证设计效果、符合工艺要求和节约生产用料为原则，依据分床方案的设计，合理运用前文的排料技巧，即可顺利完成排料工序。在排料过程中，样板排列的一般步骤为：先排长样板和大样板，再排短样板，最后将小样板排列在它们的空隙之中，无法排列在空隙中的小样板应考虑直接排列或者采用拼接。排列过程中还应遵循前文提到的先主后次、弯弧相靠、凹凸互补、精密排料的技术要点。

二、特殊面料排料方法

前文介绍了排料原则和技巧，介绍了排料过程中应注意的问题。我们知道某些面料在排料时需要注意面料的纹样和肌理，譬如条纹面料、格子面料和对花面料等。那么在此类特殊面料的排料过程中，究竟要如何操作才能达到排料要求？以下将以条格面料为例，讲解特殊面料的具体排料方法。

使用此类特殊面料的服装，其预期的成衣效果是整件服装表面花纹衔接自然，裁片与裁片缝合位置的花纹无明显破坏的痕迹。实现这一效果的途径是对相互缝合的裁片在缝合位置进行花纹对齐。实现花纹对齐的手段是以其中某一裁片为参照，根据成衣缝合时裁片轮廓线之间的对位关系，对与其相邻的裁片进行位置排列，以此类推，直至完成全部样板的排列。本例以西服条格面料作为研究对象，分析其排料中的对条对格过程。

① 先在面料上排画出服装前衣片的样板，这将是其他服装样板排列的参照。

② 以前衣片侧摆轮廓线附近的横条纹为准，排画出侧衣片的排料，如图 6-8 所示。

③ 以侧片侧摆轮廓线附近的横条纹为准，排画出后衣片的排料，如图 6-9 所示。

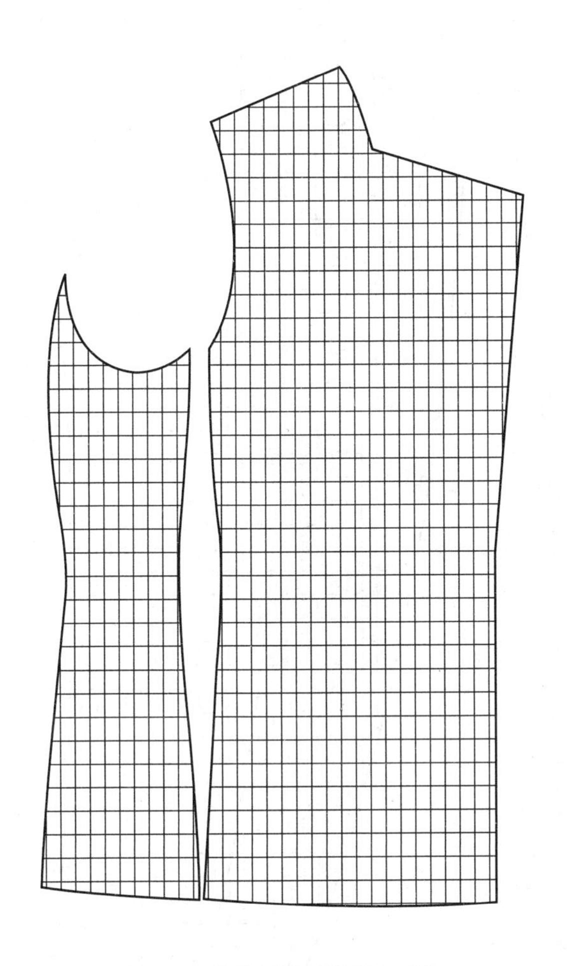

图 6-8　前片侧片侧缝横向对格

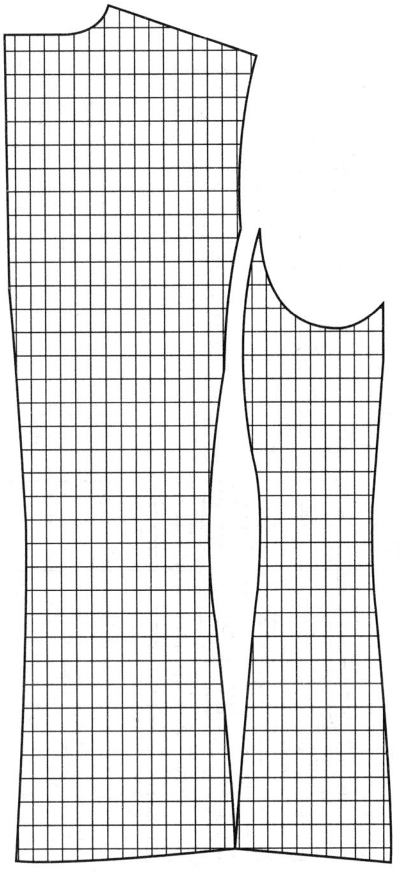

图 6-9　后片侧片侧缝横向对格

④ 以前衣片和侧衣片袖窿的横条为基准，排画出大袖片的排料，如图 6-10 所示。

⑤ 以大袖片为基准，排画出小袖片的排料，如图 6-11 所示。

⑥ 以后衣片的背中缝条格为基准，排画出领面的排料，如图 6-12 所示。

⑦ 挂面与前衣身和领面前端相缝合，故在排画挂面的排料时，应同时参考衣身前片和领面前段的条格，如图 6-13 所示。

⑧ 贴袋或暗袋的袋盖、袋片因其处于衣身上，故其也应以衣身为基准进行排画，如图 6-14 所示。

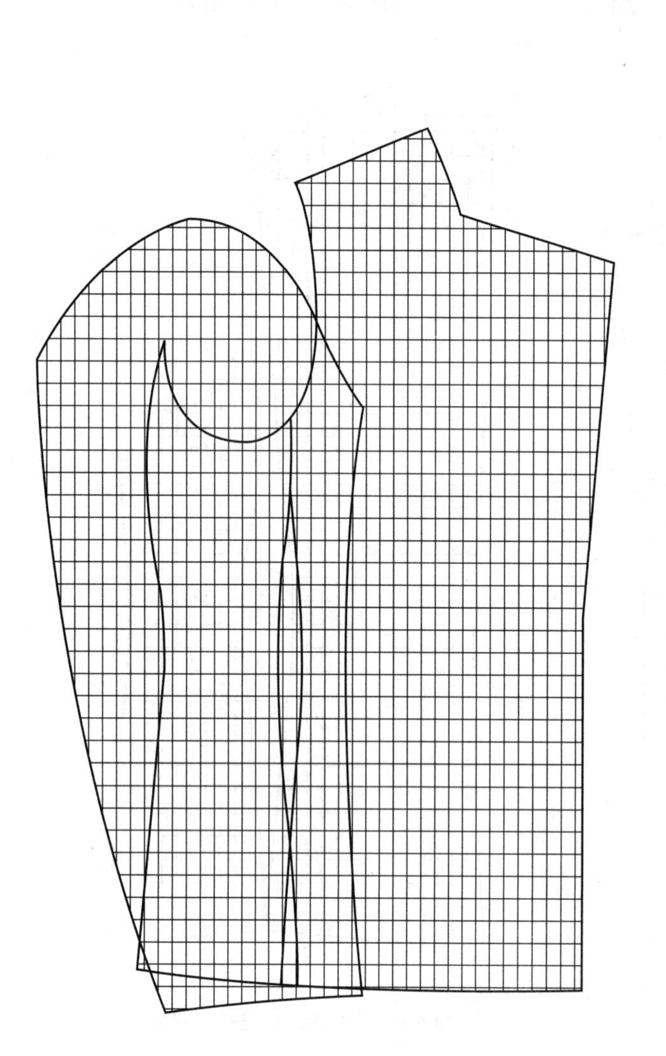

图 6-10 大袖片对格

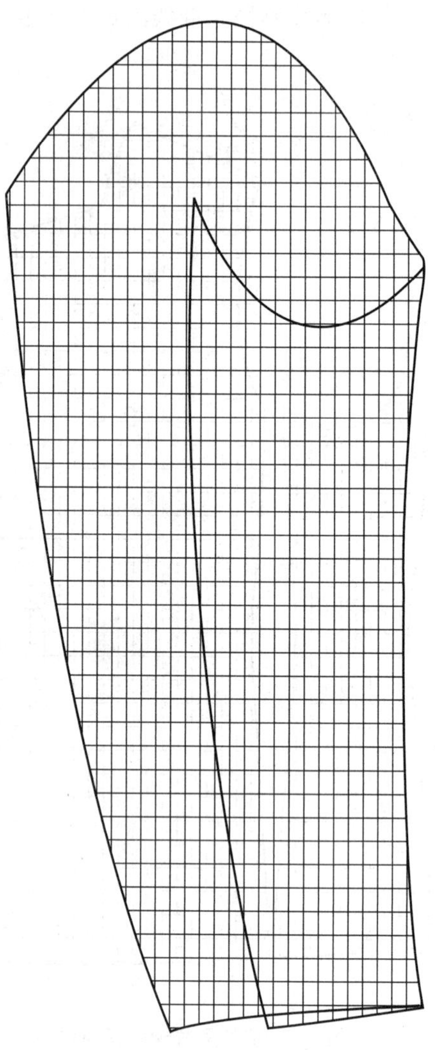

图 6-11 小袖片对格

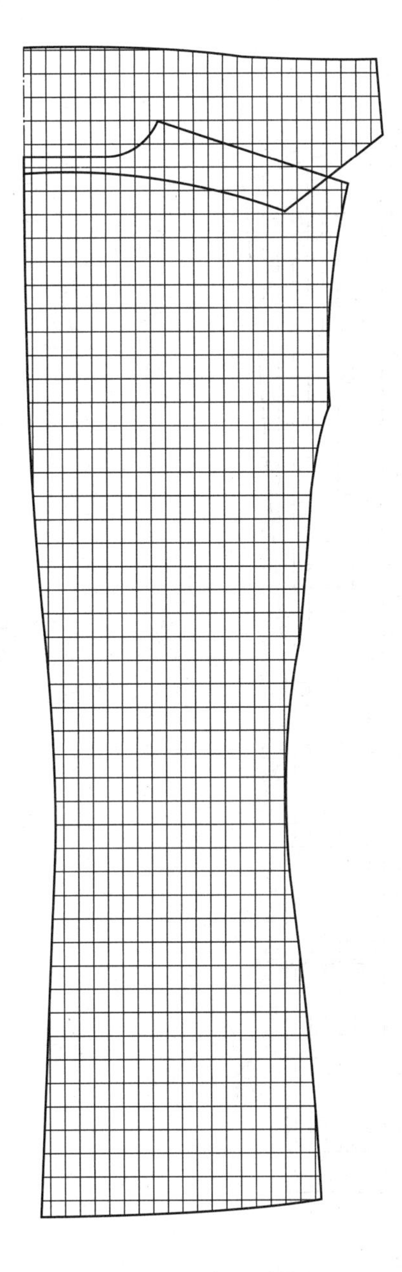

图 6-12　领面对格

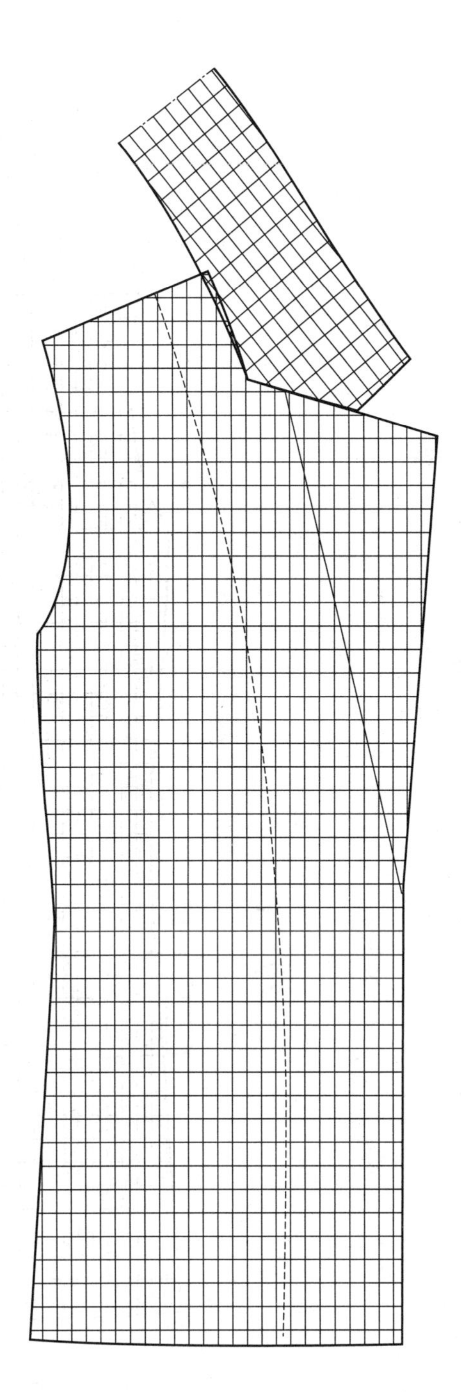

图 6-13　挂面对格

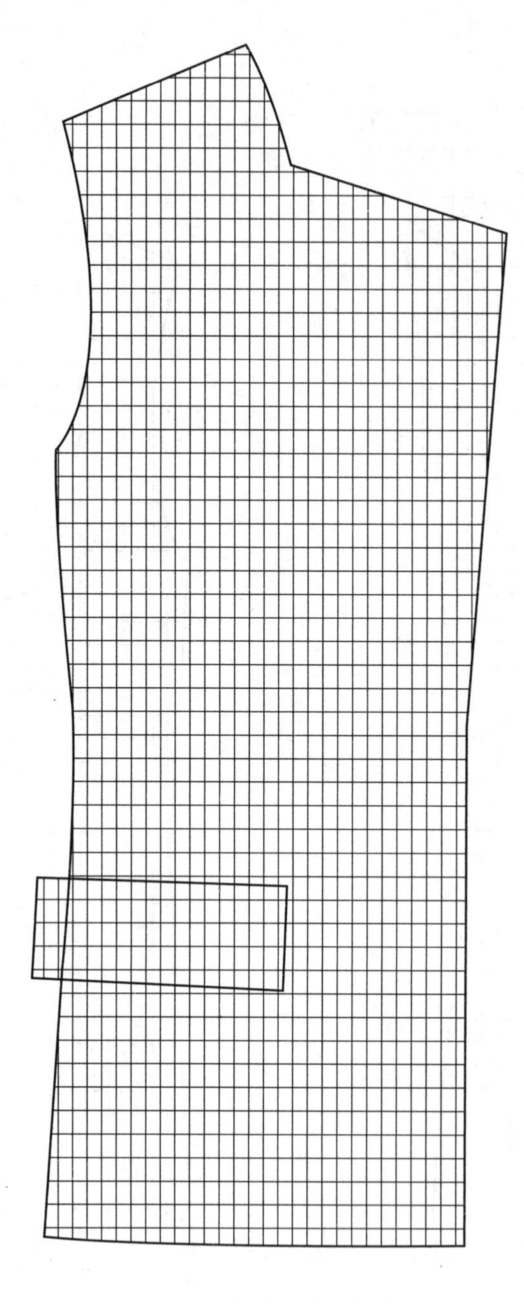

图 6-14　口袋对格

其中，袖子在与衣身进行对条对格时一般应“对横不对直”，只要做到横条精准对位即可。为确保横条对位准确，则必须明确袖山与前后衣片的高度对应关系，计算方法有以下两种。

① 依据衣身前片肩斜线，将袖山下移1.7～2cm与衣身横格相对，如图6-15所示。

② 在衣身胸围线往上2cm处画一条横线，将袖山深线与此线重合，即可完成大袖片的对位，如图6-16所示。

其他特殊面料、不同款式的服装排料与此类似，排料思路和方法不变，只需再结合具体面料自身的特点，对缝合部位纹样的对齐要求和问题进行具体分析，稍做调整即可。

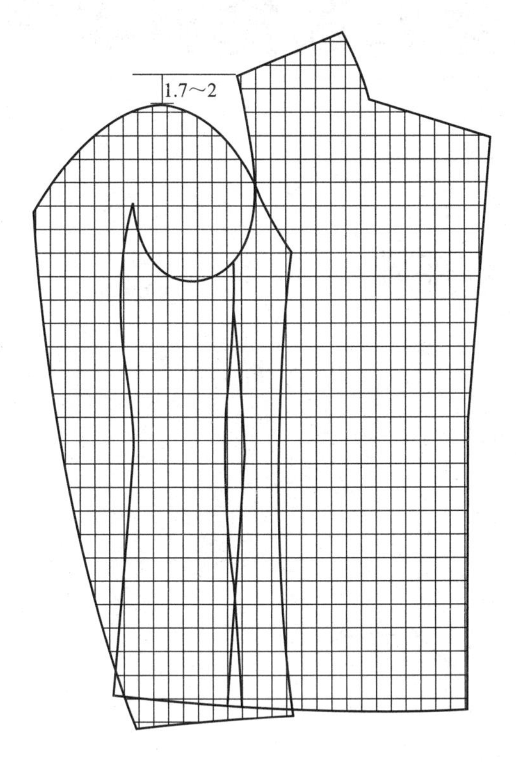

图6-15　袖片对格方法（一）

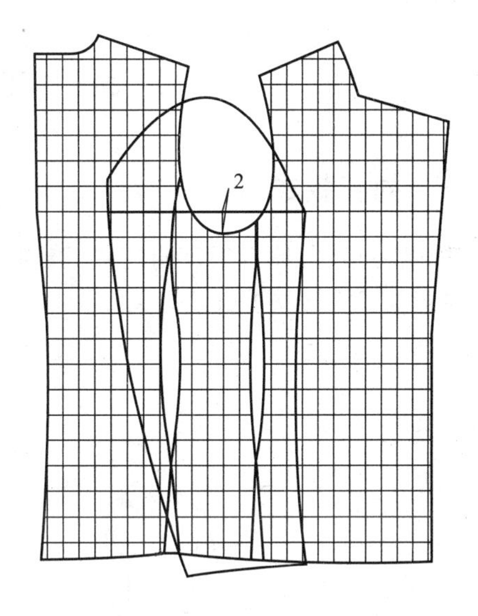

图6-16　袖片对格方法（二）

第七章　单量单裁排料实例

第一节　衬衫排料

一、衬衫款式

款式特点：分体企领，明门襟五粒扣，腋下省结构。
衬衫款式如图 7-1 所示。

图 7-1　衬衫款式

二、衬衫面料规格

衬衫面料规格如表 7-1。

表 7-1　衬衫面料规格　　单位：cm

名称	面料	衣长	胸围	前胸宽	后背宽	腰围	摆围	肩宽	袖长	袖口	袖肥	领围
尺寸	90×119	60	92	17.1	18.1	75	93	39	57	20	38	40

三、衬衫排料

衬衫排料如图 7-2 所示。

图 7-2　衬衫排料

四、短袖衬衫及马甲排料举例

1. 短袖衬衫

款式特点：便装短袖衫，六粒扣，一片翻领，腋下省结构。

短袖衬衫排料如图 7-3 所示。

2. 马甲

马甲排料如图 7-4 所示。

面料幅宽：90cm
胸围：92cm
用料：衣长×2

①前片；②后片；③袖片；
④领面；⑤领里；⑥袖口边

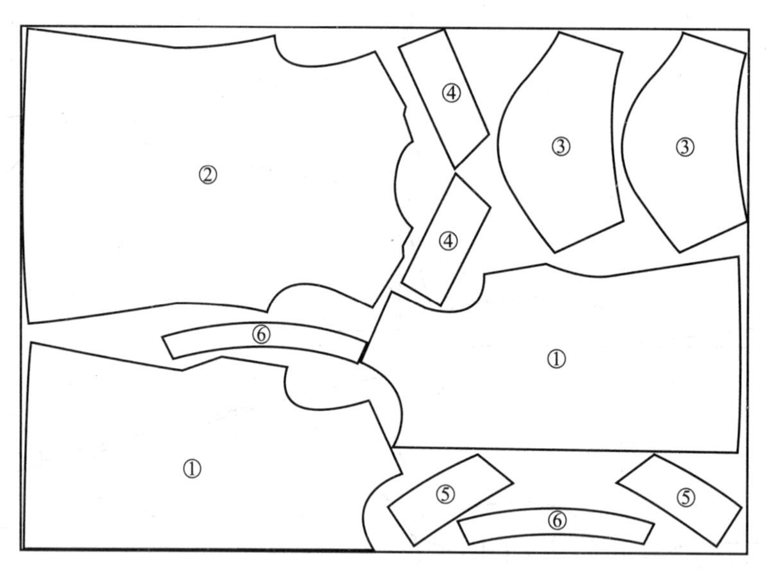

图 7-3 短袖衬衫排料

面料幅宽：90cm
胸围：94cm
用料：衣长+40cm

①前片；②后片；③挂面

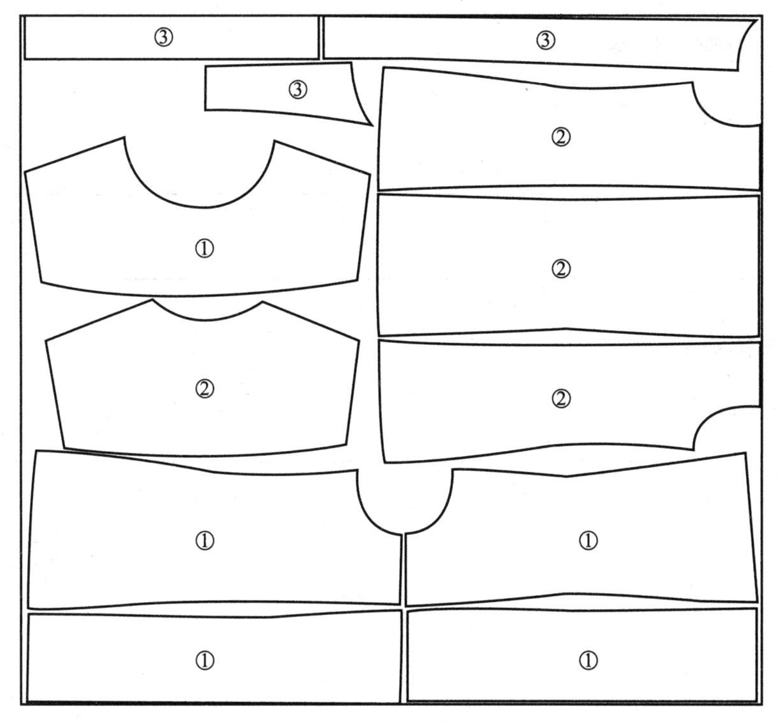

图 7-4　马甲排料

第二节　连衣裙排料

一、连衣裙款式

连衣裙款式如图 7-5 所示。

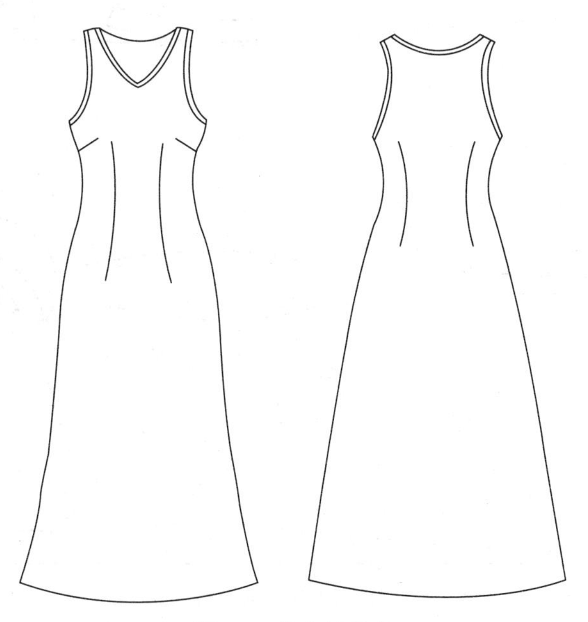

图 7-5　连衣裙款式

二、连衣裙面料规格

连衣裙面料规格见表 7-2。

表 7-2　连衣裙面料规格　　单位：cm

名称	面料	衣长	胸围	前胸宽	后背宽	腰围	臀围	摆围	肩宽
尺寸	105×98.2	90	88	13.1	14	78	91	104	38

三、连衣裙排料

连衣裙排料如图 7-6 所示。

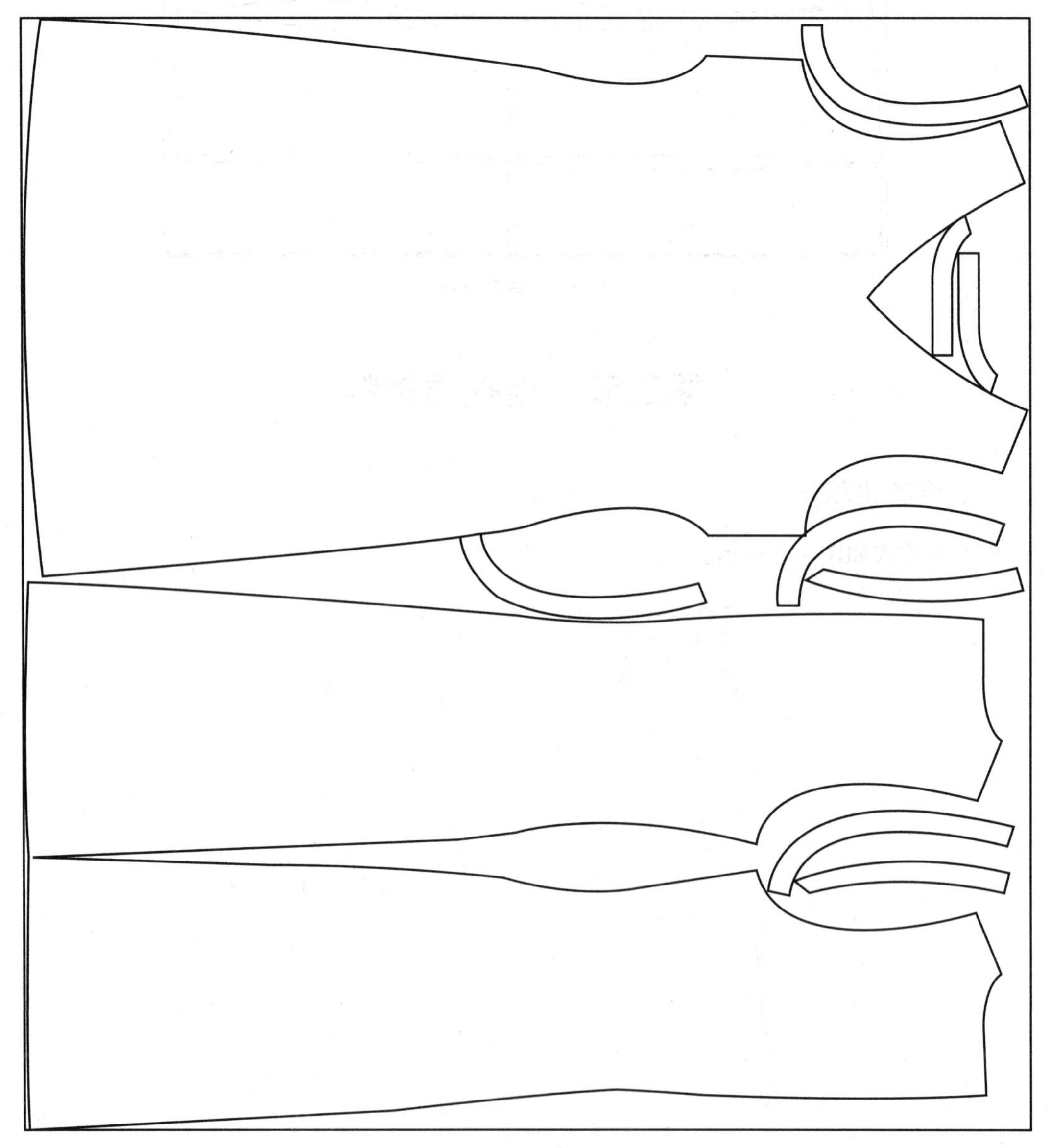

图 7-6　连衣裙排料

四、其他连衣裙排料举例

1. 海军领马甲袖连衣裙

海军领马甲袖连衣裙排料如图 7-7 所示。

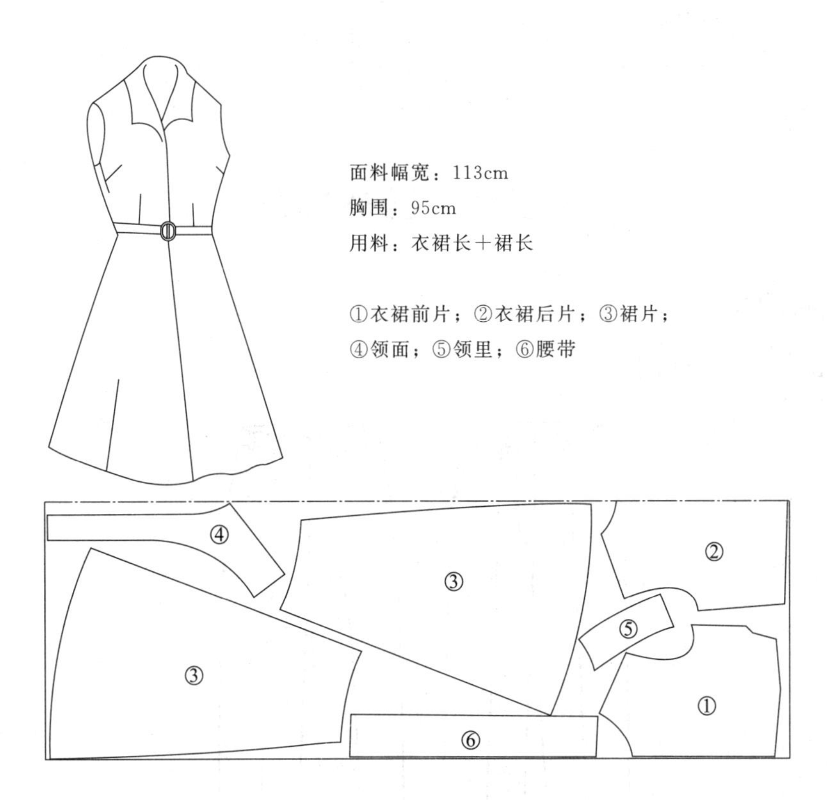

图 7-7　海军领马甲袖连衣裙排料

2. 背带裙

背带裙排料如图 7-8 所示。

面料幅宽：90cm

胸围：87cm

用料：裙长×2＋40cm

①裙片；②前护胸；③后背（下层）；

④背带

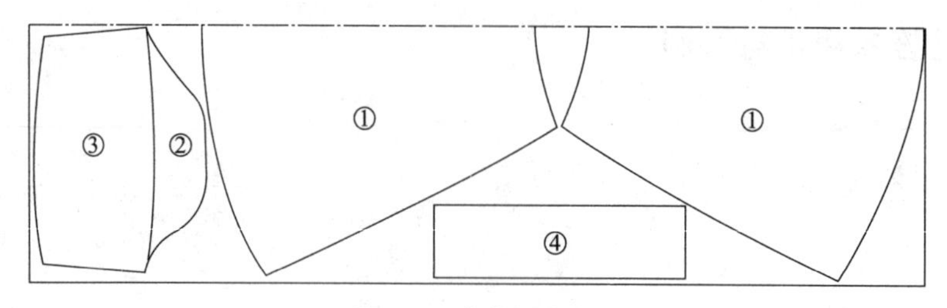

图 7-8　背带裙排料

第三节　西裤排料

一、西裤款式

西裤款式如图 7-9 所示。

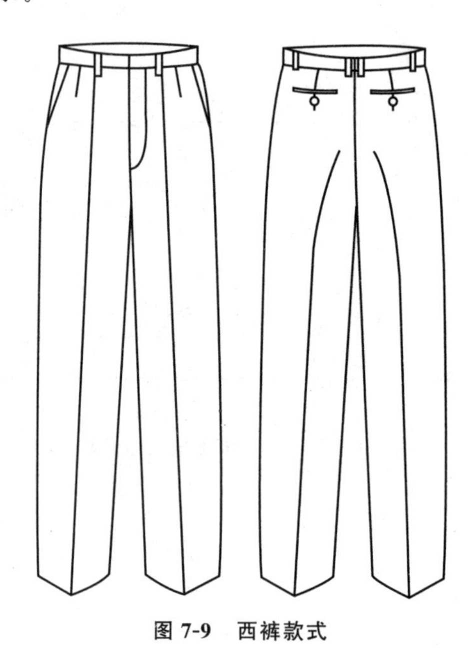

图 7-9　西裤款式

二、西裤面料规格

西裤面料规格见表 7-3。

表 7-3　西裤面料规格　　单位：cm

名称	面料	裤长	腰围	臀围	上裆深	横裆	膝围	裤口
尺寸	120×106.2	101	68	96	29	61	44	42

三、西裤排料

西裤排料（60×106.2 双幅料）如图 7-10 所示。

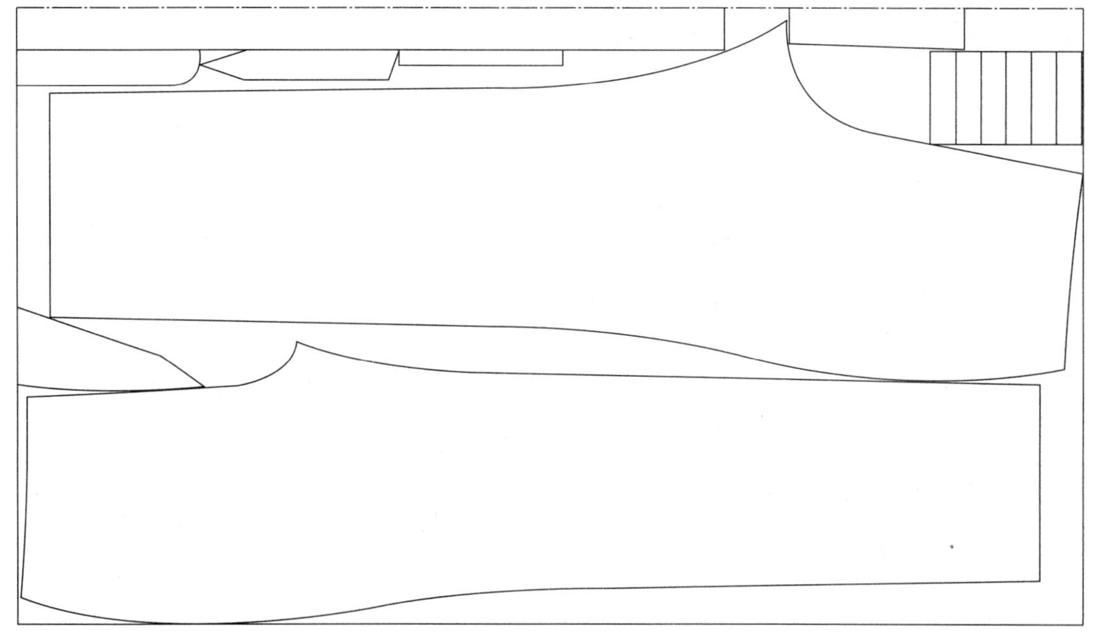

图 7-10　西裤排料（60×106.2 双幅料）

四、其他下装排料举例

1. 短裤

短裤排料如图 7-11 所示。

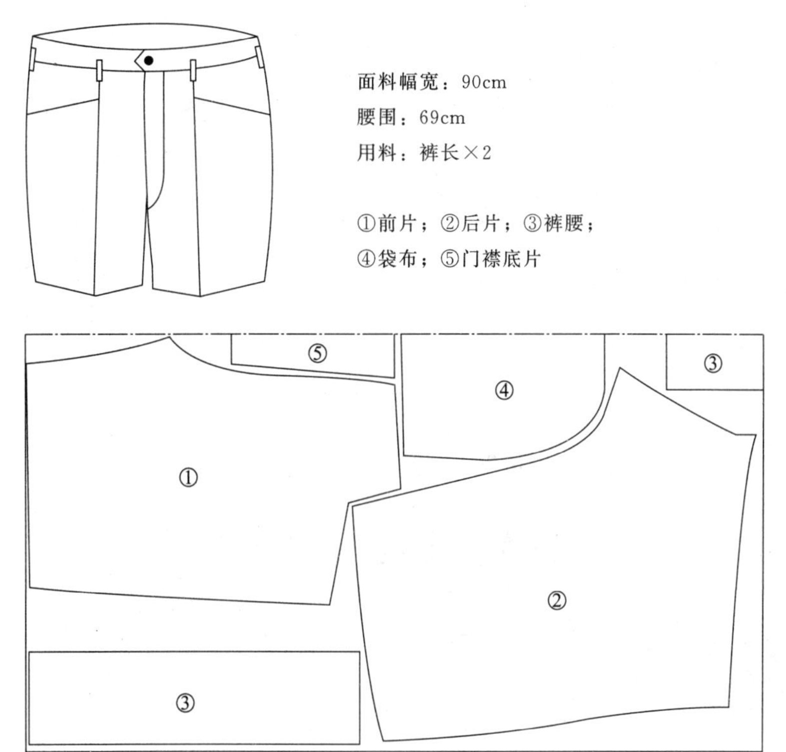

图 7-11　短裤排料

2. 开襟式短裙

开襟式短裙排料如图 7-12 所示。

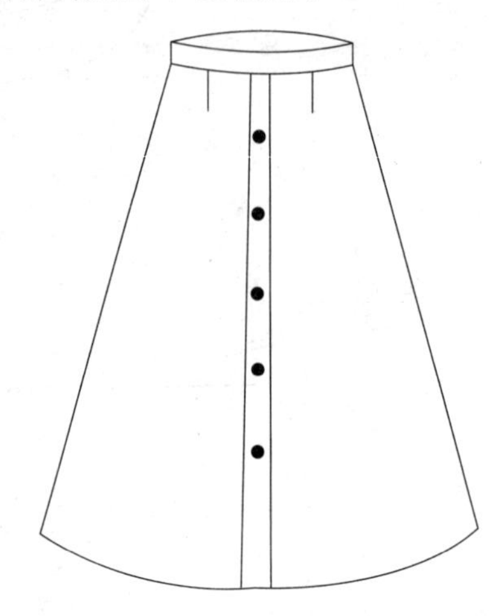

面料幅宽：90cm

腰围：69cm

用料：裙长×2＋10cm

①前裙片（包括门襟）；②后裙片；③裙腰

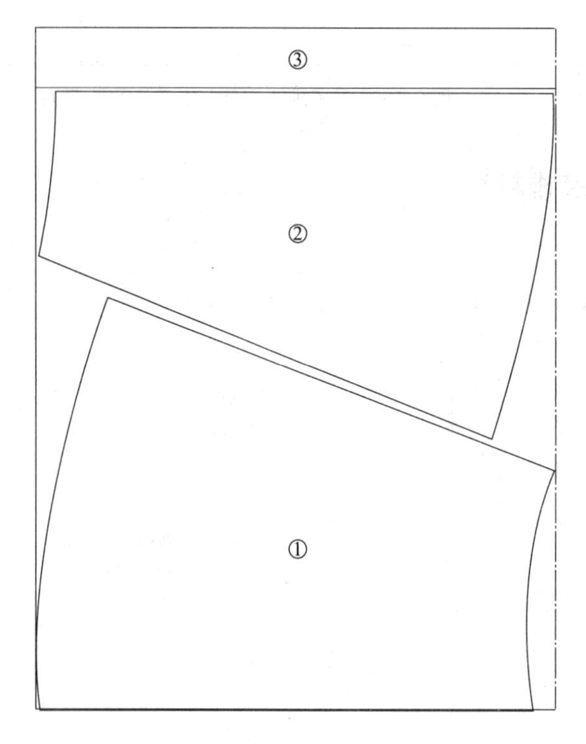

图 7-12　开襟式短裙排料

第四节　西装上衣排料

一、西装上衣款式

西装上衣款式如图 7-13 所示。

图 7-13 西装上衣款式

二、西装上衣面料规格

西装上衣面料规格见表 7-4。

表 7-4 西装上衣面料规格　　单位：cm

名称	面料	里料	衣长	胸围	前胸宽	后背宽	腰围	摆围	肩宽	袖长	袖口	领围
尺寸	144×104.5	90×123.3	63	98	17.4	18.5	83	108	40	57	25	—

三、西装上衣排料

1. 面料

西装上衣面料排料如图 7-14 所示，图中面料为 72cm×104.5cm，双幅料。

2. 里料

西装上衣里料排料如图 7-15 所示，图中里料为 45cm×123.3cm，双幅料。

四、其他上衣排料举例

1. 立领两用衫

立领两用衫排料如图 7-16 所示。

2. 蟹钳领开刀式两用衫

蟹钳领开刀式两用衫排料如图 7-17 所示。

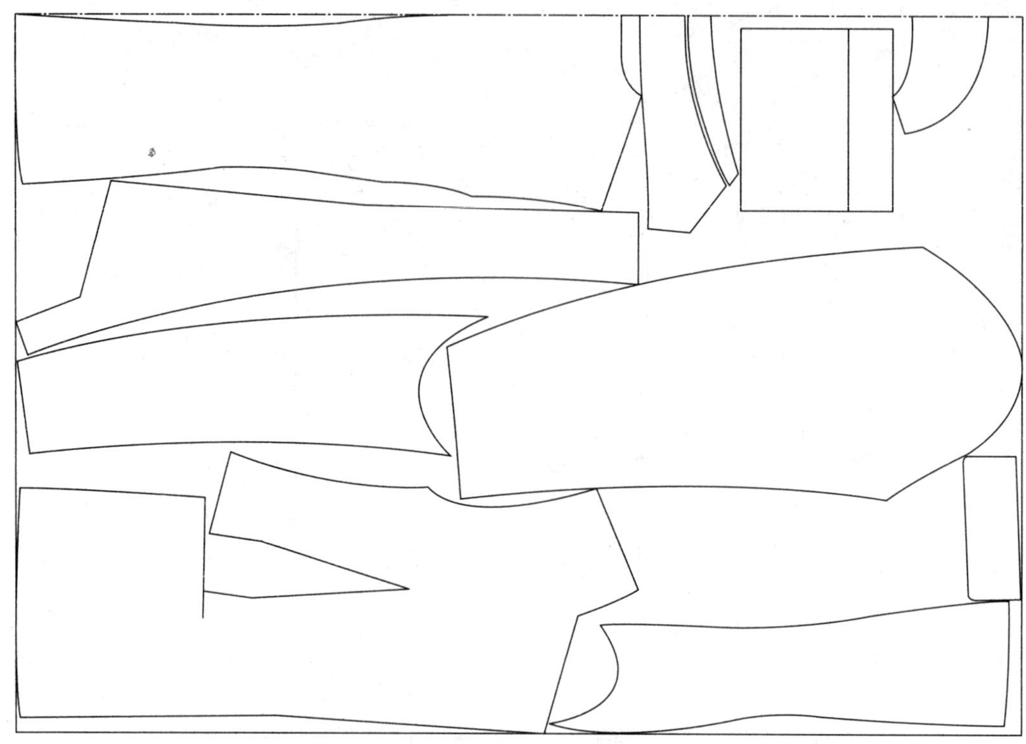

图 7-14　西装上衣面料排料

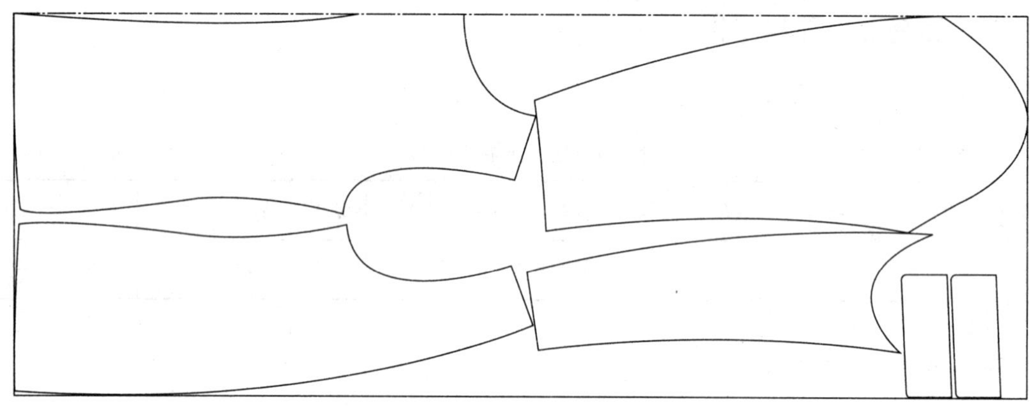

图 7-15　西装上衣里料排料

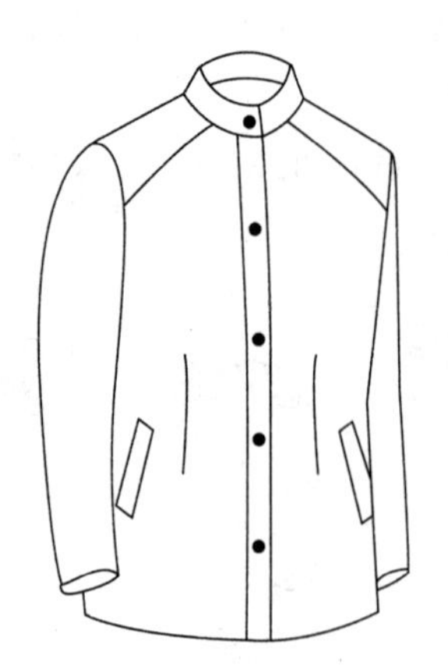

面料幅宽：90cm

胸围：98cm

用料：衣长＋袖长×2＋7cm

①前片；②后片；③大袖片；④小袖片；
⑤领片；⑥前片托肩；⑦袋布；⑧袋口边

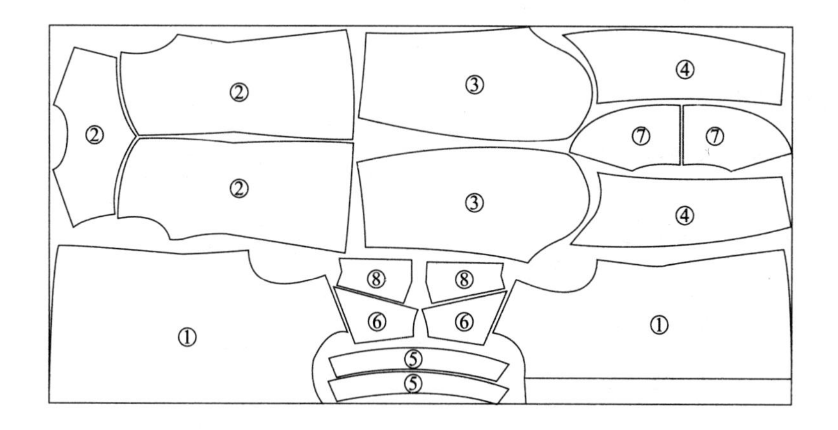

图 7-16　立领两用衫排料

面料幅宽：90cm

胸围：98cm

用料：衣长＋袖长×2＋7cm

①前片；②后片；③大袖片；④小袖片；⑤领面；⑥领里；⑦门襟驳角；⑧袋布；⑨袋盖

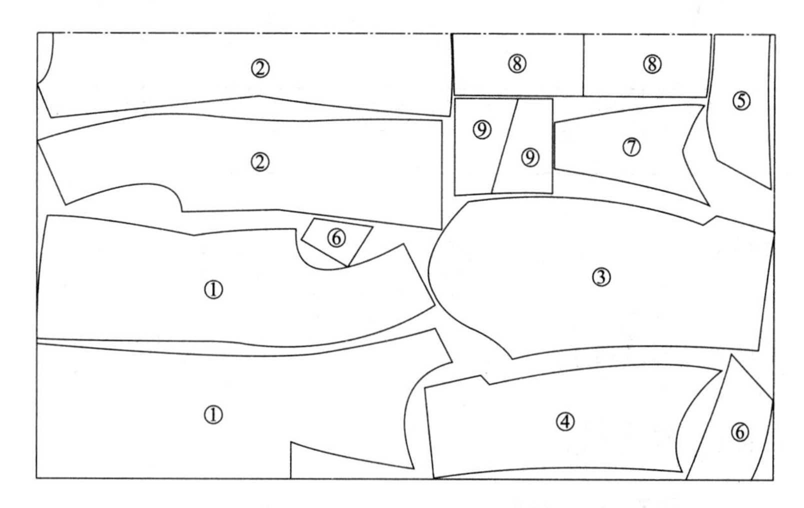

图 7-17　蟹钳领开刀式两用衫排料

第五节　大衣排料

一、大衣款式

大衣款式如图 7-18 所示。

图 7-18　大衣款式

二、大衣面料规格

大衣面料规格见表 7-5。

表 7-5　大衣面料规格　　单位：cm

名称	面料	里料	衣长	胸围	前胸宽	后背宽	腰围	摆围	肩宽	袖长	袖口	领围
尺寸	144×104.5	90×123.3	63	98	17.4	18.5	83	108	40	57	25	—

三、大衣排料

1. 面料

大衣面料排料如图 7-19 所示。

2. 里料

大衣里料排料如图 7-20 所示。

四、其他大衣类服装排料举例

1. 中长大衣

中长大衣排料如图 7-21 所示。

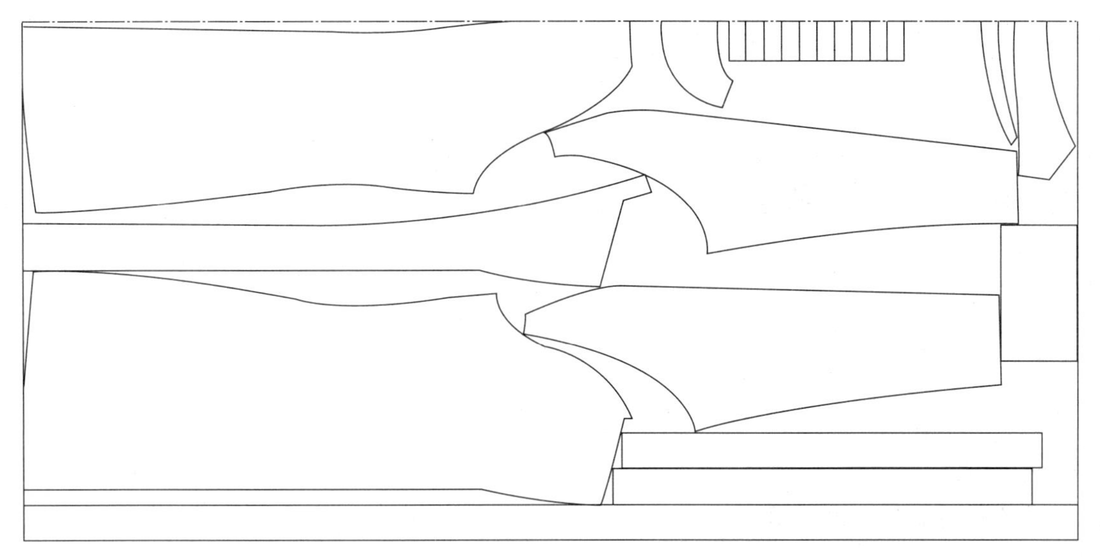

图 7-19　大衣面料排料

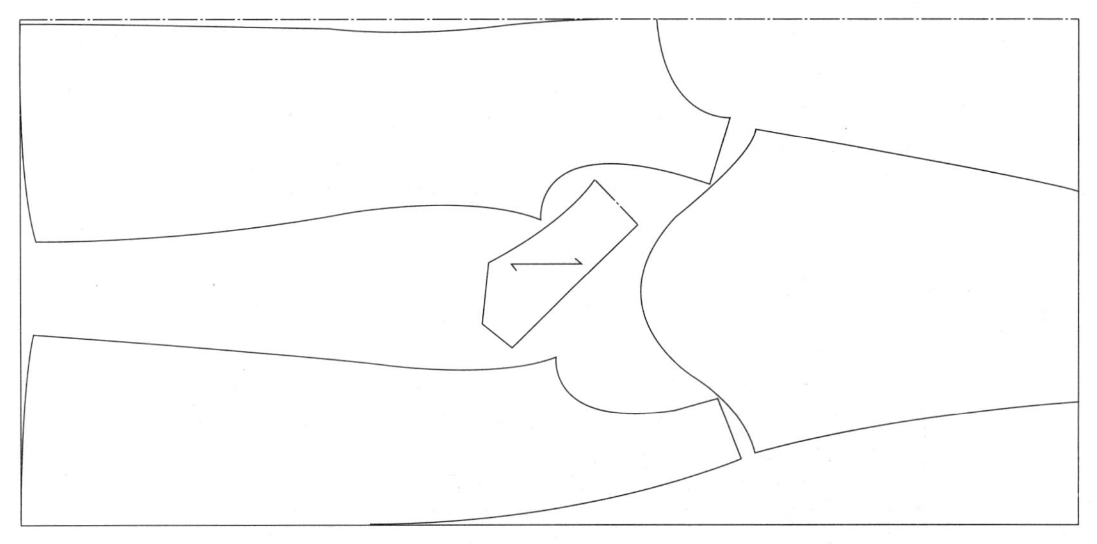

图 7-20　大衣里料排料

面料幅宽：144cm

胸围：105cm

用料：衣长＋袖长＋10cm

①前片；②后片；③大袖片；④小袖片；

⑤挂面；⑥领子；⑦口袋

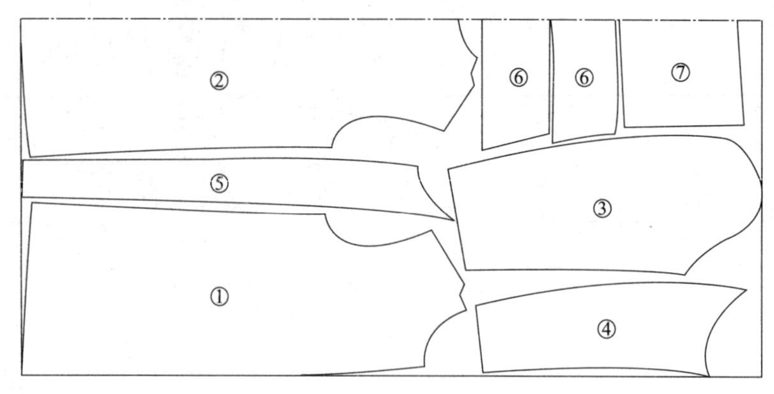

图 7-21　中长大衣排料

2. 风衣

风衣排料如图 7-22 所示。

面料幅宽：90cm

胸围：107cm

用料：衣长×2＋袖长×2＋7cm

①前片；②后片；③大袖片；④小袖片；

⑤上领；⑥下领；⑦挂面；⑧袋布；⑨腰带；

⑩后片覆肩

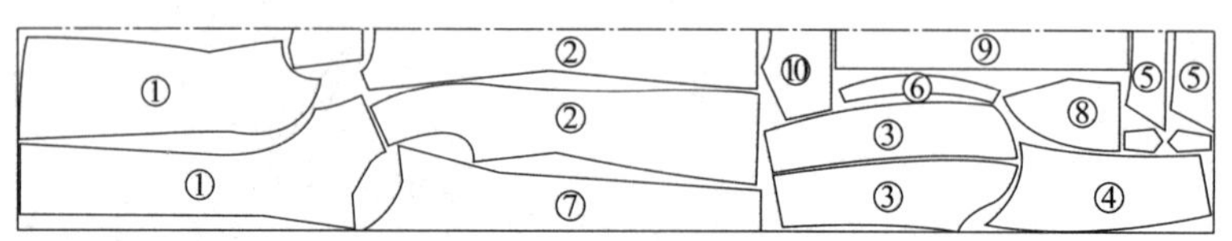

图 7-22　风衣排料

第八章　两件及以上服装套排

第一节　同款套排

一、三件衬衫套排

衬衫款式如图 8-1 所示。三件衬衫套排排料如图 8-2 所示。

面料幅宽：144cm

胸围：92cm

用料：衣长＋袖长×3＋12cm

图 8-1　衬衫款式

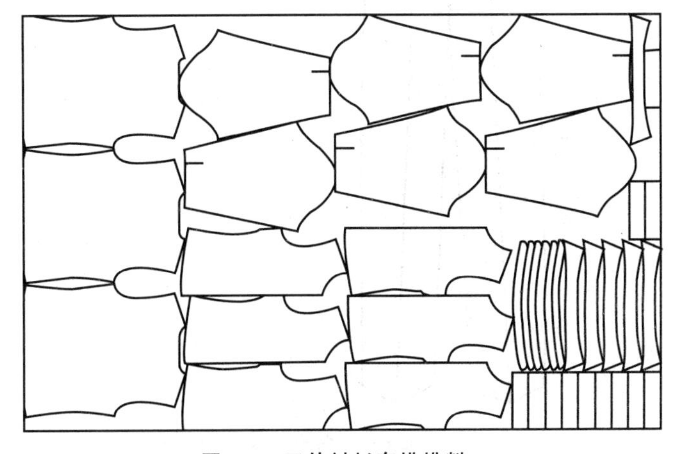

图 8-2　三件衬衫套排排料

二、两件两用衫套排

两用衫款式如图 8-3 所示。两件两用衫套排排料如图 8-4 所示。

面料幅宽：90cm

胸围：110cm

用料：衣长×4＋袖长×2－7cm

图 8-3　两用衫款式

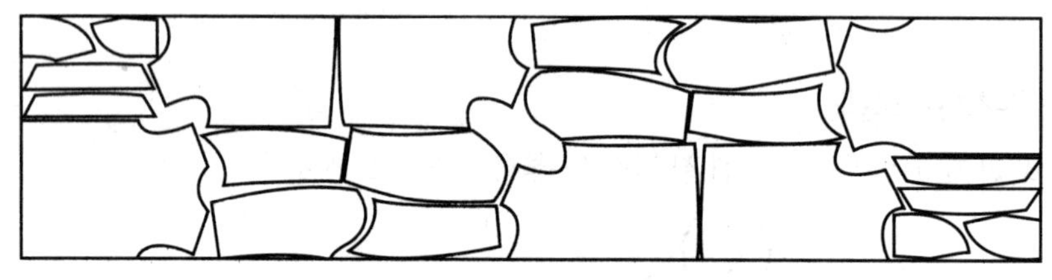

图 8-4　两件两用衫套排排料

三、两件西裤套排

西裤款式如图 8-5 所示。两件西裤套排排料如图 8-6 所示。

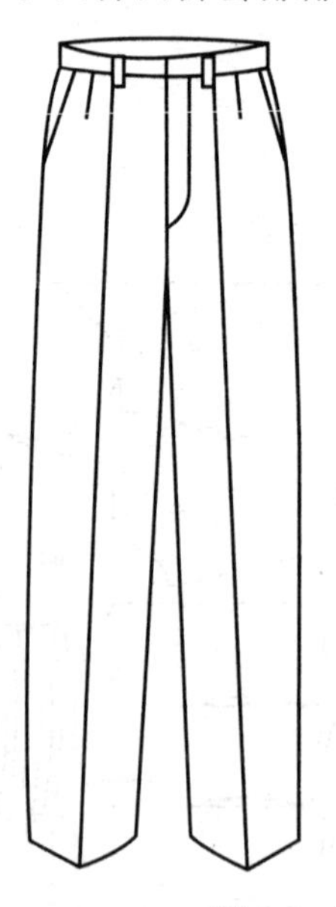

面料幅宽：90cm

胸围：73cm

用料：裤长×3＋13cm

图 8-5　西裤款式

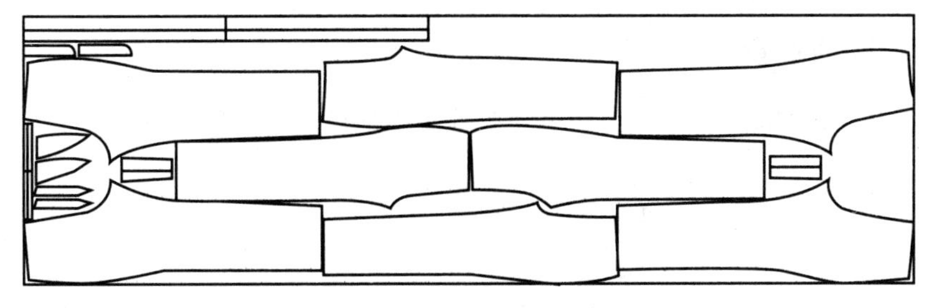

图 8-6 两件西裤套排排料

第二节 多款套排

一、衬衫和筒裙套排

衬衫和筒裙款式如图 8-7 所示。衬衫和筒裙套排排料如图 8-8 所示。

面料幅宽：144cm

胸围：92cm

腰围：66cm

用料：衣长＋袖长＋裙长＋22cm

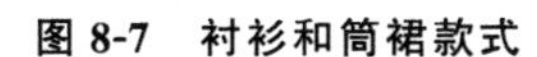

图 8-7 衬衫和筒裙款式

图 8-8 衬衫和筒裙套排排料

二、马甲和西裤套排

马甲和西裤款式如图 8-9 所示。马甲和西裤套排排料如图 8-10 所示。

面料幅宽：90cm

胸围：97cm

腰围：70cm

用料：裤长×2＋衣长＋20cm

图 8-9　马甲和西裤款式

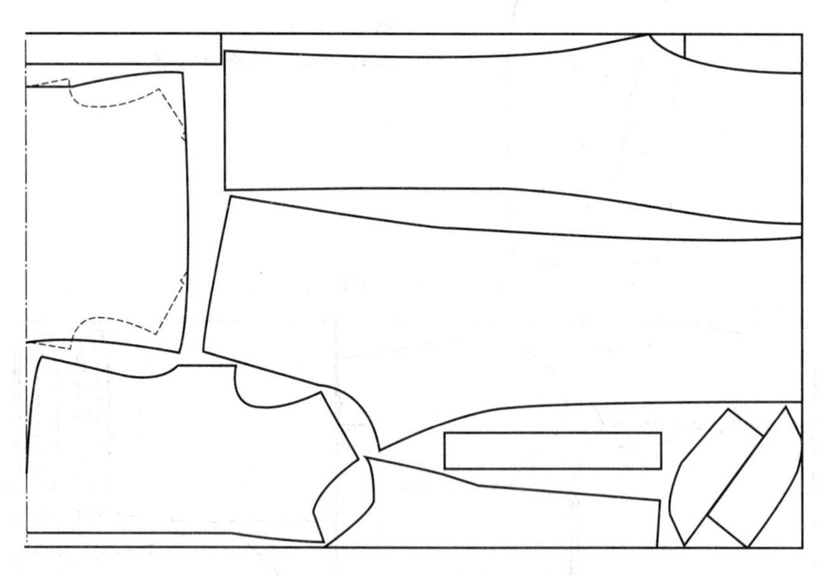

图 8-10　马甲和西裤套排排料

三、马甲和短裙套排

马甲和短裙款式如图 8-11 所示。马甲和短裙套排排料如图 8-12 所示。

面料幅宽：144cm

胸围：93cm

腰围：67cm

用料：裙长×2＋衣长＋10cm

图 8-11　马甲和短裙款式

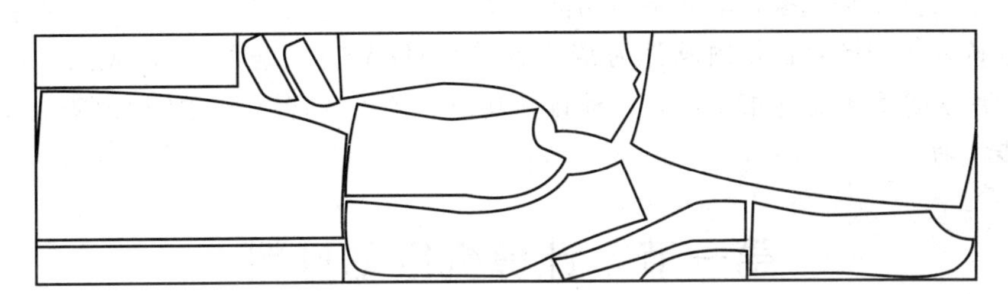

图 8-12　马甲和短裙套排排料

第九章 计算机排料

计算机排料系统具有强大的排料功能，能有效缩短排料时间，提高面料利用率，进而提高企业的生产效率和节约企业生产成本。本章将向大家介绍计算机排料系统的基本使用方法，使大家在排料过程中能享受计算机辅助系统带来的便捷。本章只将计算机排料系统作为排料的辅助工具介绍给大家，对其基本功能和使用方法进行说明，不再对其各项功能进行详细说明。本章采用的计算机排料软件为富怡服装 CAD V8A（增强版），大家可从富怡官网免费下载使用。若大家想详细学习其自动排料功能，还可从官网下载使用说明或者购买相关书籍进一步学习。

第一节 计算机自动排料

一、计算机自动排料的概念

计算机自动排料系统即通过计算机对服装纸样直接进行排料，操作人员只需将款式的纸样信息录入系统，计算机即可通过程序算法自动规划合理的排料方案，并输出排料结果。

计算机自动排料较传统人工排料具有速度快、可靠性高等优点，能有效地提高企业的生产效率，降低企业生产成本。一般而言，排料系统在排料过程中会迅速寻找各种不同排料方案，在找到合理的排料方案后，输出排料结果。这一过程一般在几秒内完成，其找寻到的“合理排料方案”仅为在其程序算法的约束条件内的局部最优解，并不一定为真正意义上的最佳排料方案。在通常情况下，其所提供的“合理排料方案”的面料利用率未必能超过具有丰富排料经验的排料员。但如果给定排料系统足够的运算时间，系统最终将会寻找到最优的排料结果。

二、计算机自动排料实例

为让大家更加简单直接地了解计算机自动排料系统，本书将以前文的衬衫纸样为例，使用富怡服装 CAD 中的自动排料系统对其进行排料操作。大家可比较人工排料结果和计算机自动排料结果之间的异同，以对计算机自动排料系统产生更深的理解和认识。具体操作步骤如下：

① 打开富怡服装 CAD 系统中的 RP-GMS 模块，进入“文档”菜单，单击“新建”命令，系统弹出“唛架设定”对话框，开始新建并设定唛架，在此菜单中可以设定面料的幅宽、缩水率、放缩率、铺料层数和铺料方式等信息，如图 9-1 所示。本节以前文排料章节中的衬衫纸样为例，进行自动排料功能说明。设定唛架宽度为 90cm，其他信息读者可按需设定，单击“确定”以完成唛架设定。

② 唛架设定完成后，进入“选取款式”界面，如图 9-2 所示，从此界面选取载入的服装纸样文件。初始状态时可选取的款式列表为空，需先载入服装纸样。单击“载入”按钮，选择事先画好的服装纸样文件。

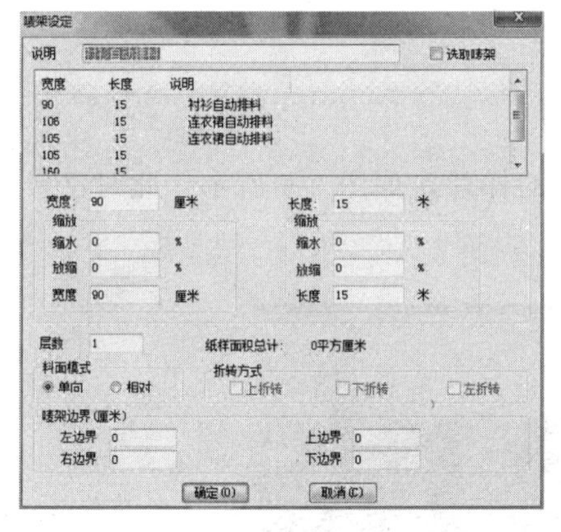

图 9-1 “唛架设定”对话框

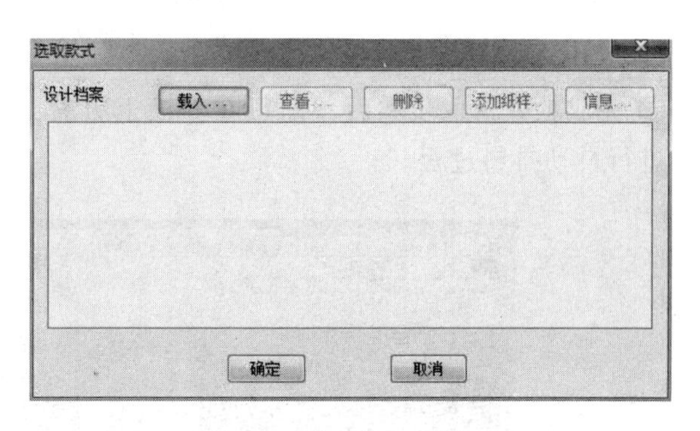

图 9-2 “选取款式”对话框

③ 选定纸样文件后进入“纸样制单”界面，在界面中可以填写纸样信息，并可以设定面料的缩水率、放缩率等信息，如图 9-3 所示。大家可根据实际情况进行填写。需要注意的是：在此对话框中必须在“每套裁片数”栏中，正确填写每个裁片的数量，默认每个裁片的

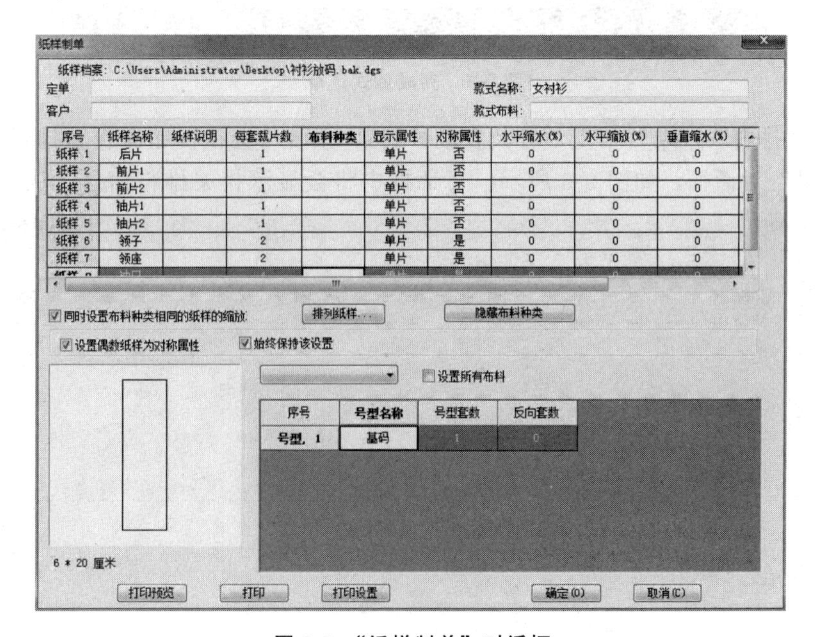

图 9-3 “纸样制单”对话框

数量为 1，但衬衫纸样中某些裁片为 2 片或更多，应正确填写，防止漏排。填写完毕后单击“确定”按钮，这时界面将再次返回“选取款式”界面，并且款式列表里将会出现刚才载入的纸样文件，如图 9-4 所示。选中该纸样文件，单击“确定”以完成款式选取步骤。

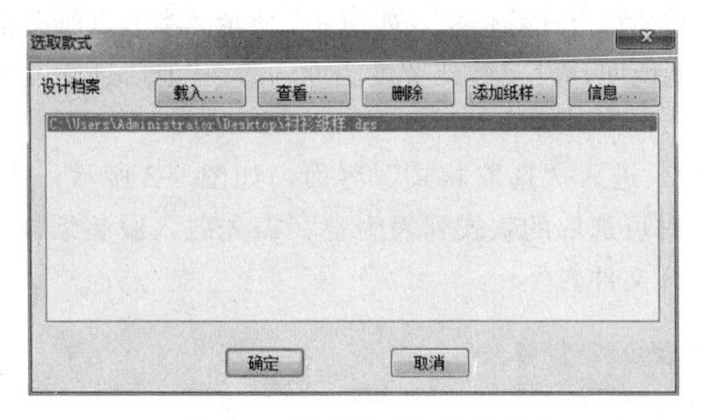

图 9-4　“选取款式”对话框

④ 完成款式选取步骤后，即可在界面上方看到载入的样片，如图 9-5 所示。此时已经可以进行自动排料过程。

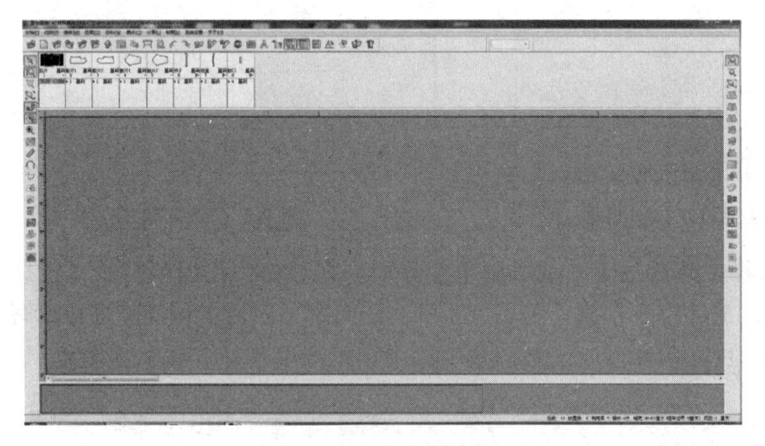

图 9-5　完成款式选取

⑤ 进入“排料”菜单，单击“开始自动排料”，系统将会很快完成自动排料过程，并弹出“排料结果”对话框，如图 9-6 所示。对话框中将会显示相关排料信息，从中可以看出，

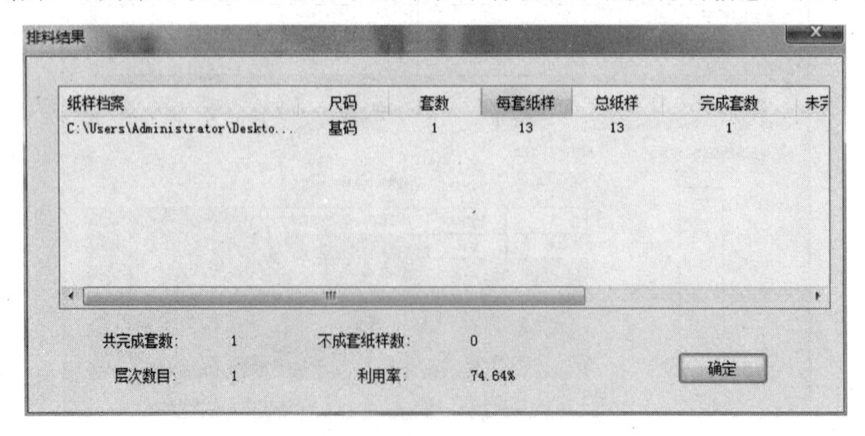

图 9-6　“排料结果”对话框

此次自动排料面料的利用率为 74.64%。选择“文档”菜单，单击“输出位图”，设定位图大小信息，可将排料结果保存为图片，如图 9-7 所示。

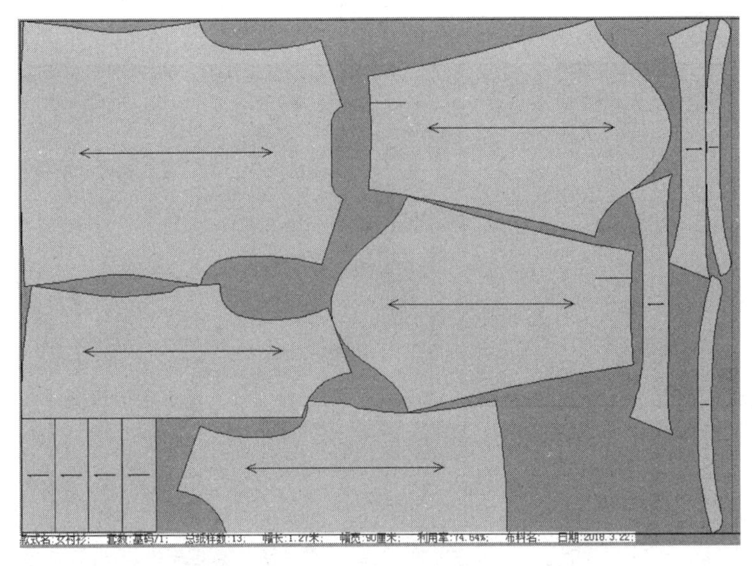

图 9-7 排料结果

通过以上过程我们完成了衬衫的计算机自动排料过程，面料利用率为 74.64%。这一结果对衬衫的排料来说并不理想，我们还可以手动再次优化此次排料结果，这就是下一节将要介绍的人机交互排料。

第二节 人机交互排料

一、人机交互排料的概念

人机交互排料是指在自动排料结果的基础上，通过人工修改、优化裁片的布局，使得排料方案更加合理，进一步提高面料的利用率。

人机交互排料顾名思义即计算机和人同时参与到确立排料方案的过程中来，结合了计算机排料的高效性、可靠性和人工排料的高利用率、变通性，使得排料结果更加令人满意。

一般而言，在人机交互排料过程中，首先通过计算机自动排料获得一个面料排列的大致方案和总体布局；然后，通过人工观察排料结果，依据人工排料技巧和经验，对计算机排料结果进行进一步优化，最终获得更加合理的排料方案。通过人机交互排料方法，可在保证排料效果的前提下，有效地缩短排料时间。

二、人机交互排料实例

本节以衬衫纸样为例，为大家演示人机交互排料的方法和技巧，向大家展示人工排料、计算机自动排料和人机交互排料之间在排料方法和排料结果上的联系和区别。

富怡 CAD 提供了人机交互排料功能，在系统完成自动排料之后，可以手动对样片位置进行重新调整。选中样片，通过数字小键盘区“8”“2”“4”“6”键移动样片位置，其中“8”为向上移动，“2”为向下移动，“4”为向左移动，“6”为向右移动。通过此法移动的样片，将会在对应方向上一直移动，直到碰到其他样片。

通过这一功能，我们对自动排料的结构进行人工优化以得到更加合理的排料方案，如图 9-8 所示。

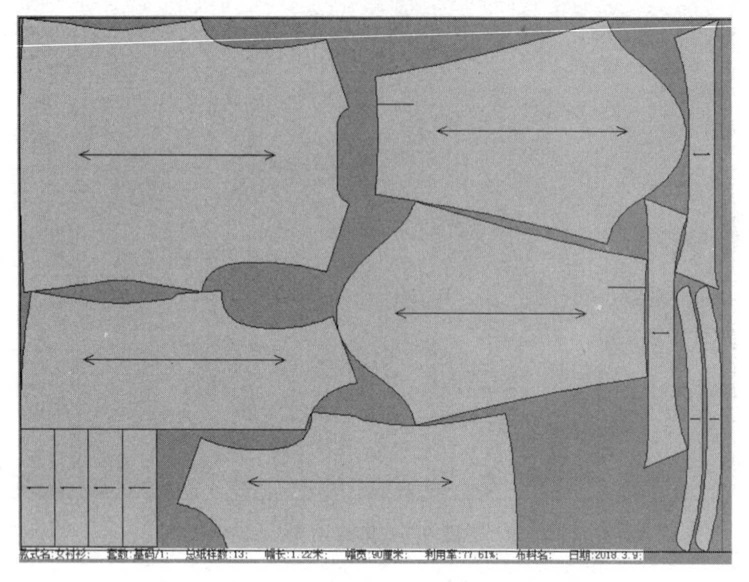

图 9-8　人工优化后的排料结果

对比图 9-7 可以看出，面料利用率由原来的 74.64%提升到了 77.61%，提高了约 3%。与此同时，从前文的排料技巧介绍中，我们知道可以通过合理拼接进一步提高排料过程中的面料利用率。在此款衬衫中，领子和领座的里料可以通过拼接获得，从而进一步提高面料利用率。

通过排料系统中的“分割纸样”功能，可以将领子和领座的里料进行割断拼接。选中单个领子样片后，单击“分割纸样”按钮，弹出“剪开复制纸样”对话框，将其设定为“水平剪开”“平接缝”“对半剪开”以完成分割纸样过程，如图 9-9 所示。

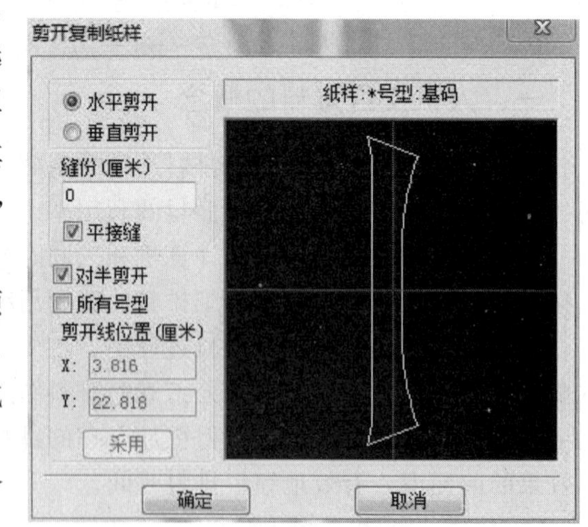

图 9-9　“剪开复制纸样”对话框

对领座进行同样操作，可完成领子和领座的分割纸样过程。从样片栏中可以看出，原来的 2 个领子和领座样片中，有一片被成功分割，如图 9-10 所示。

单击“唛架”菜单中的“清除唛架”命令，将唛架上的样片全部清除；之后再次单击“排料”菜单中的“自动排料”命令，输出排料结果如图 9-11 所示。

从排料图（图 9-11）中可以看出，面料利用率为 71.65%，面料利用率较之前的人机交互排料结果下降了约 5%。我们再以样片分割后的自动排料结果为基础，进行人机交互排料，调整样片位置以得到新的人机交互排料结果，如图 9-12 所示。

从排料结果下方的数据可以看出，采用新的人机交互排料结果后面料利用率为

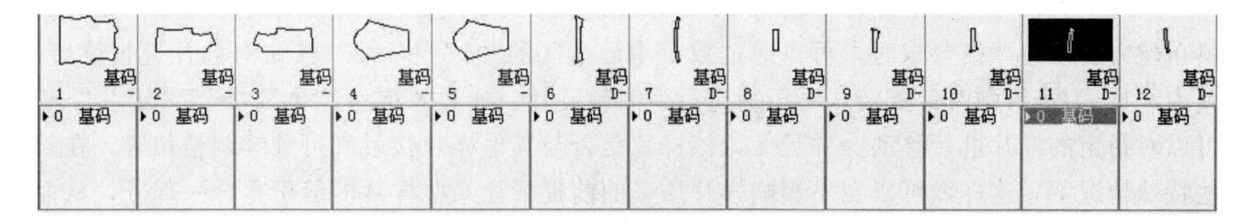

图 9-10　领子和领座里料拼接分割

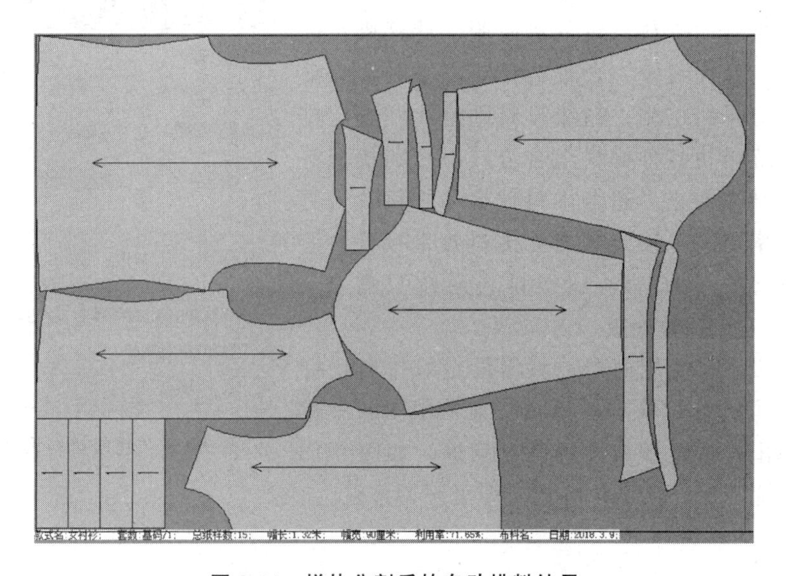

图 9-11　样片分割后的自动排料结果

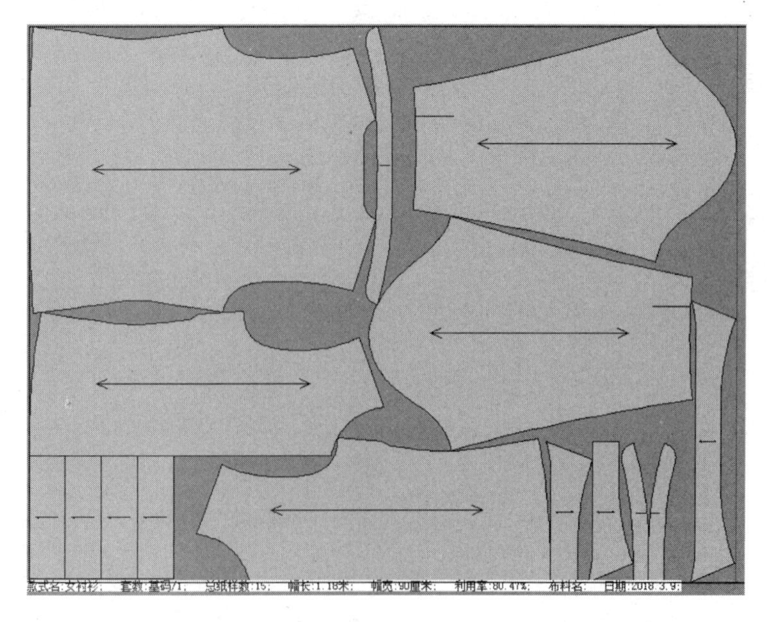

图 9-12　采用拼接后的人机交互排料结果

80.47%。相对于一开始自动排料结果的 74.64%提高了将近 6%，这对进一步节约生产成本意义重大。

在以上人机交互方法之外，富怡CAD系统还提供了其他人机交互工具。例如，在对面料布丝方向没有严格要求时，可以通过数字小键盘区的“1”和“3”按钮对裁片进行旋转，其中“1”为进行顺时针旋转，“3”为进行逆时针旋转。通过方向键“↑”“←”“↓”“→”可以对指定的样片进行移动，并且无论该样片是否与其他样片接触都可继续调整位置。在某些特殊情况下，这样做可以在不影响样片质量的前提下让某些样片的缝份重合一部分，从而进一步提高面料的利用率。

除此之外，富怡CAD系统还提供了超级排料工具。超级排料是自动排料系统的进阶版，计算机在进行自动排料时，寻找到较为合理的排料方案时会自动停止排料并输出排料结果；超级排料则是人工设定排料目标，让系统寻找各种排料组合方式，直到找到符合目标的排料结果为止。超级排料较自动排料效果更好，面料利用率更高，较人机交互排料效果接近，能节约排料时间。一般而言，超级排料系统只需5～8min便可排好一个裁剪皮版。

总之，超级排料使用简单，只需设定好排料目标和排料时间即可进行。单击“排料”菜单中“超级排料”命令，弹出“超级排料设置”对话框，如图9-13所示；当设定完成后，单击“确定”即可开始排料。

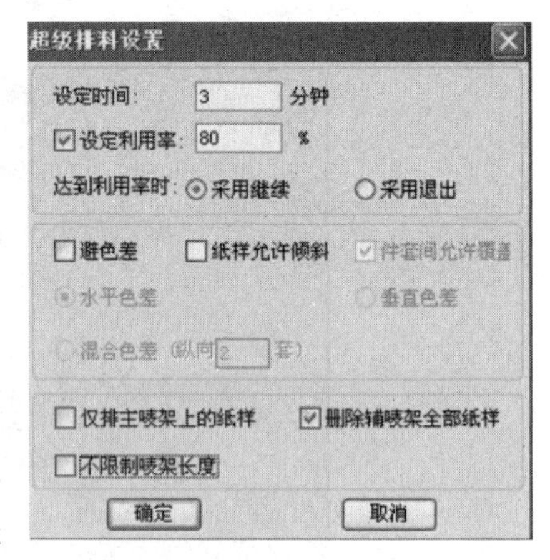

图9-13 “超级排料设置”对话框

参考文献

[1] 潘健华．服装人体工效学与服装设计．北京：中国轻工业出版社，2000.

[2] 袁良．女装精确打板推板．北京：中国纺织出版社，2005.

[3] 陈桂林.女装精确推板与电脑放码. 北京：中国纺织出版社，2011.

[4] 鲍卫君．女装工业纸样——内/外单打板与放码技术．上海：东华大学出版社，2009.

[5] 刘建平.服装推档放码轻松入门. 北京：化学工业出版社，2014.

[6] 龙晋.服装缝制大全 样板 排料 工艺教程. 北京：中国青年出版社，1995.

[7] 童晓晖．服装生产工艺学．上海：东华大学出版社，2008.

[8] 史美泰．时装精密排料．上海：上海文化出版社，2003.

[9] 王晓云．服装企业制板、推板与样衣制作. 北京：化学工业出版社，2015.